碳达峰碳中和
技术、市场与管理

国网浙江省电力有限公司 编

中国电力出版社
CHINA ELECTRIC POWER PRESS

内 容 提 要

碳中和意味着什么？为什么要实现碳达峰？社会经济发展和转型将走向何方？有什么具体的途径？各个领域绿色转型的重点又在哪里？电力行业又该如何实现碳达峰碳中和？

本书从基础知识、技术、市场和管理等方面出发，对"双碳"相关知识进行了全面地介绍和解读，本书共分为 4 篇。第 1 篇为基础篇，主要介绍双碳基础知识及相关领域的发展现状。第 2 篇为技术篇，主要介绍碳达峰碳中和的本质内涵、双碳实现路径、企业/产品碳足迹的管理手段，能源、建筑、交通等关键领域的减排路径、企业的 ESG 披露要求以及未来技术发展趋势。第 3 篇为市场篇，主要介绍碳交易市场的顶层设计、制度框架以及碳排放核算、履约相关要求、全国碳排放交易系统交易操作指引、碳市场运行情况解读、CCER 开发、碳普惠制度、绿电绿证交易、碳账户和碳减排量化以及气候投融资等情况。第 4 篇为管理篇，主要介绍了企业碳排放核算、企业双碳目标指标体系的构建、企业碳资产管理体系建设等内容，为企业全面进行碳管理、构建提供思路借鉴。

本书可供各类能源、低碳、咨询企业相关技术人员、管理人员，地方政府部门，智库研究机构等使用，也可供关心绿色转型、环境保护、能源发展的社会大众，以及各类大中专院校相关专业师生学习参考。

图书在版编目（CIP）数据

碳达峰碳中和：技术、市场与管理 / 国网浙江省电

力有限公司编 . —北京：中国电力出版社，2023.5

　ISBN 978-7-5198-7759-0

　Ⅰ.①碳… Ⅱ.①国… Ⅲ.①二氧化碳−节能减排

Ⅳ.① X511

中国国家版本馆 CIP 数据核字（2023）第 071211 号

出版发行：中国电力出版社
地　　　址：北京市东城区北京站西街 19 号（邮政编码 100005）
网　　　址：http://www.cepp.sgcc.com.cn
责任编辑：马淑范（010-63412397）
责任校对：黄蓓　常燕昆
装帧设计：王红柳
责任印制：杨晓东

印　　刷：三河市万龙印装有限公司
版　　次：2023 年 5 月第一版
印　　次：2023 年 5 月北京第一次印刷
开　　本：710 毫米 ×1000 毫米　16 开本
印　　张：14.25
字　　数：148 千字
定　　价：88.00 元

本书编委会

主　　编　史兴华

副 主 编　李继红　郭云鹏　郑伟民

编　　委　钱　啸　孙志鹏　孙　可　周　满　谷纪亭

　　　　　王洪良　宋春燕　沈　梁　赵　扉　章姝俊

　　　　　兰　洲　汪　鲁　王　蕾　王曦冉　邹　波

　　　　　谢颖捷　陆海清　张　辰　文　凡　徐晨博

　　　　　胡哲晟　吴舒泓　王　坤　周　林　叶玲节

　　　　　孙秋洁　杨　侃　董丹煌

前言

2020年9月22日，在第七十五届联合国大会上，我国正式宣布："中国将提高国家自主贡献力度，采取更加有力的政策和措施，二氧化碳排放力争于2030年前达到峰值，努力争取2060年前实现碳中和。"实现碳达峰碳中和，是着力解决资源环境约束突出问题、实现中华民族永续发展的必然选择，是构建人类命运共同体的庄严承诺。"双碳"目标的建立，推动我国进入了新发展阶段和新发展格局的关键时期，开启了新一轮科技革命和产业变革的历史性机遇。

碳中和意味着什么？为什么要实现碳中和？社会经济发展和转型将走向何方？有什么具体的途径？各个领域绿色转型的重点又在哪里？电力行业又该如何实现碳达峰碳中和？

自"双碳"目标提出以来，各种问题都在指引我们思考与抉择。2022年10月，党的二十大在北京胜利召开，新时代的十年间，党在政治上、理论上、实践上取得了一系列重大成果。党的二十大报告指出，"人与自然和谐共生"是中国式现代化的重要特征之一。明确了未来我国生态文明建设的本质要求，提供了满足人民群众日益增长的优美生态环境所需要的基本路径。

浙江省是习近平总书记"两山"理论、"宁肯电等发展，不要发展等电"等生态文明重要思想的发源地，肩负着"生态文明建设要先行示范"的重大使命。浙江省具有种类丰富的能源电力供应方式，具有网络强省、"数字浙江"的信息技术优势，具有高度活跃的市场主体和高效运转的行政组织。浙江省具有高质量实现"双碳"目标的基础条件，同时也面临现实挑战：在发展阶段上，浙江省还处于经济社会快速发展、工业化城镇化尚未结束的阶段，能源需求总量仍在持续增长。

实现碳达峰碳中和，能源是主战场，电力是主力军，碳电协同是着力点。围绕"双碳"工作任务，国网浙江省电力有限公司立足能源系统全局，坚持清洁低碳是方向、能源保供是基础、能源安全是关键、能源创新是动力、节能提效要助力，提出以构建新型电力系统省级示范区为主线，加速构建绿色低碳现代能源体系，切实当好能源绿色低碳转型的引领者、全社会绿色生产生活的推动者、浙江省企业碳减排的示范者，为保持平稳健康的经济环境、国泰民安的社会环境、风清气正的政治环境作出应有贡献。

碳达峰碳中和是一个宏大命题，碳减排、碳市场、碳资产、碳金融等相关研究领域仍有大量的技术、管理、政策、市场空白有待填补。在浙江省电力学会的指导下，国网浙江省电力有限公司牵头组建了碳资产专业委员会，以碳资产为核心，围绕碳排放计量认证、碳排放监测、碳资产管理、碳交易与碳金融、碳–电协同五大领域为主要工作内容，重点关注碳交易机制原理，企业碳排放核算方法、流程及标准，企业碳资产管理体系，碳金融运行机制与商业模式，碳排放数据信息化及应用，碳–电市场联动机制等关键问题，借助平台效应，打通碳技术、碳市场、碳资产的产业链条，探索能源领域未来的发展格局与商业模式，全力支撑降碳减排与能源转型。

为助力碳达峰碳中和知识体系的建立、发展、完善，国网浙江省电力有限公司组织碳资产专业委员会的专家、学者，立足浙江省低碳发展实际，从基础知识、技术、市场和管理四个方面，系统地介绍碳达峰碳中和技术和实践。

本书共分为4个篇章。

第1篇为基础篇，主要介绍双碳基础知识及相关领域的发展现状，内容包括温室气体的基础知识以及低碳概念，《联合国气候变化公约》及《京都议定书》的关键内容，主要国际碳市场，全国碳排放权交易市场和9个国内碳排放权交易试点的制度、机制以及发展现状。

第2篇为技术篇，主要介绍碳达峰碳中和的本质内涵、双碳实现路径、企业/产品碳足迹的管理手段，能源、建筑、交通等关键领域的减排路径、企业的ESG披露要求以及未来技术发展趋势。

第3篇为市场篇，主要介绍碳交易市场的顶层设计、制度框架以及碳排放核算、履约相关要求、全国碳排放交易系统交易操作指引、碳市场运行情况解读、CCER开发、碳普惠制度、绿电绿证交易、碳账户和碳减排量化以及气候投融资等情况。

第4篇为管理篇，主要介绍了企业碳排放核算、企业双碳目标指标体系的构建、企业碳资产管理体系建设等内容，为企业全面进行碳管理、构建提供思路借鉴。

由于碳达峰碳中和涉及领域甚广，知识体系庞杂，加上认知和实践的局限性，本书错漏之处在所难免，欢迎读者批评指正。

编者

目录

第2篇 技术篇

第3篇　市场篇

第4篇 管理篇

第1篇
基础篇

　　本篇主要介绍低碳领域的基础知识及相关领域的发展现状，内容包括温室气体的基础知识以及低碳概念，《联合国气候变化公约》及《京都议定书》的关键内容，主要国际碳市场，全国碳排放权交易市场和9个国内碳排放权交易试点的制度、机制以及发展现状。

① 温室气体基础知识介绍

1.1 气候变化的定义

气候变化（Climate Change），简单来说就是气候的平均状态在某一期间内出现统计意义上的明显改变。2013年9月27日，联合国政府间气候变化专门委员会（Inter Governmental Panel on Climate Change，IPCC）发布了第五次评估报告《Climate Change 2013: The Physical Science Basis》的决策者摘要（Summary for Policy Makers，SPM），该报告指出全球气候系统变暖是毋庸置疑的事实。气候变化除了带来全球大气平均温度升高的影响，还有包括冰川融化、海平面升高、极端气候发生的频率和强度增加和局部气候条件改变等负面影响。

《联合国气候变化框架公约》将"气候变化"定义为："经过相当一段时间的观察，在自然气候变化之外由人类活动直接或间接地改变全球大气组成所导致的气候改变。"即气候平均值和气候离差值出现了统计意义上的显著变化，如平均气温、平均降水量、最高气温、最低气温，以及极端天气事件等的变化。全球变暖就是气候变化最显著的表现之一。

气候变化是人类社会面临的共同挑战。气候变化已成为当下最受关注的国际话题之一，也是对我们产生最直接、最大影响的全球问题之一。2015年，全球近200个国家和地区达成了应对气候变化的《巴黎协定》，该协定于2016年11月4日正式生效。《巴黎协定》确立了全球应对气候变化的长期目标：到21世纪末将全球平均气温升幅控制在工业化前水平2℃以内，并努力将气温升幅控制在工业化前水平1.5℃以内；全球尽快实现温室气体排放达峰，并在21世纪下半叶实现温室气体净零排放。《巴黎协定》邀请各缔约方在2020年通报或更新2030年的国家自主贡献，并不晚于2020年向《联合国气候变化框架公约》（UNFCCC）秘书处通报面向21世纪中叶的长期低排放发展战略。截至目前，各缔约方都在制定或已提交各自的中长期低排放发展战略，全球已有121个国家提出到21世纪中叶实现碳中和，114个国家提出将更新2030年自主贡献目标。

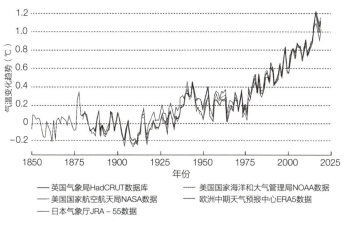

图1-1　全球平均气温变化情况

1.2　气候变化的危害

气候变化会导致诸多不利影响，其主要表现有：①气候变暖，温度带北移；②冰川、冻土减少；③海平面升高，影响海岸带和海洋生态系统；④一些极端天气气候事件增加；⑤有利于病虫害的越冬，使农业生产面临病虫害的威胁，需要更多的农药控制这些农业害虫，农业生产成本和投资大幅度增加，也造成土地污染和人类疾病增加；⑥地表径流改变、旱涝灾害频率增加，特别是水资源供需矛盾将更为突出；⑦助长某些疾病的蔓延。

图1-2　气候变化的危害

1.3   气候变化的成因

在漫长的地质变迁中，气候是不断变化的，但总的来说，其原因可概括为两大类：自然的气候波动和人为因素。自然因素包括太阳辐射的变化、地球轨道的变化、火山活动、大气与海洋环流的变化；人为因素，特别是工业革命以来的人为因素，包括生产、生活所造成的二氧化碳等温室气体的排放、对土地的利用、城市化等。

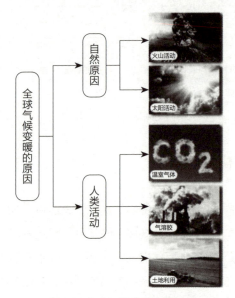

图1-3   全球气候变暖的原因

1.4   温室气体及其来源特征

温室气体（Greenhouse Gas，GHG）是大气层中任何能够吸收和重新释放出红外辐射的自然发生的以及人类活动产生的气态成分。1997年签订的《联合国气候变化框架公约的京都议定书》规定控制6种温室气体，包括二氧化碳（CO_2）、甲烷（CH_4）、氧化亚氮（N_2O）、氢氟碳化合物（HFCs）、全氟碳化合物（PFCs）、六氟化硫（SF_6）。多哈会议通过的《京都议定书》修正案规定了第七种温室气体三氟化氮

碳达峰碳中和：技术、市场与管理

（NF_3）。我国的《碳排放权交易管理办法（试行）》参照《联合国气候变化框架公约》，也将温室气体界定为上述七种温室气体。

温室气体中三氟化氮、氢氟碳化合物、全氟碳化合物及六氟化硫具有极强的温室效应，但就全球升温的贡献百分比而言，二氧化碳由于在空气中具有相对较大的含量，其全球升温贡献所占的比例也最大，约为25%。

《京都议定书》规定控制的主要温室气体的基本性质及产生来源如下：

1.4.1　二氧化碳（Carbon Dioxide）

二氧化碳（CO_2）常温常压下是一种气态的、无色无臭可溶于水的碳氧化合物，化学分子量约为44。二氧化碳的熔点为-56.6℃（527kPa），沸点为-78.5℃，标准状况下密度大于空气。二氧化碳气体是大气主要成分之一，其占大气体积分数的0.03%～0.04%。二氧化碳天然产生的途径包括：有机物（包括动植物）的分解、发酵、腐烂、变质过程，动植物及微生物的呼吸过程。二氧化碳人为产生的主要途径包括石油、石蜡、煤炭、天然气燃烧过程，来源于石油、煤炭的化工产品生产过程，粪便、腐植酸堆肥等过程。自工业革命以来，由于人为活动向大气中过量排放二氧化碳，使大气中二氧化碳含量迅速增加，从而形成温室效应。

全球变暖潜能值（Global Warming Potential，GWP）是政府间气候变化专门委员会（IPCC）为了评价各种温室气体对气候变化影响的相对能力而引入的参数。由于二氧化碳的温室效应最大，因此，选择二氧化碳作为参照气体。全球变暖潜能值是某一给定物质在一定时间积分范围内与二氧化碳相比而得到的相对辐射影响值，这个时间是基于《京都议定书》规定的100年框架，因此，GWP衡量这个时间框架内单位质量各种温室气体的温室效应对应于相同效应的二氧化碳的质量。为了统一各种温室气体排放对环境的影响，通过全球变暖潜能值可以用二氧化碳当量表示其他温室气体的温室效应，设定二氧化碳的GWP为1。

1.4.2　甲烷（Methane）

甲烷（CH_4）常温常压下是一种气态的、无色无臭极难溶于水的有机碳氢化合物，化学分子量约为16，标准情况下密度小于空气。空气中的甲烷有天然来源及人为来源两种。其中，天然产生的主要途径包括：有机物（包括动植物）的分解、发酵、腐烂、变质过程，以及动物消化过程。甲烷人为产生的主要途径包括化石燃料与生物质燃料的不完全燃烧，化石燃料的加工等过程。根据IPCC报告，甲烷造成的温室效应的GWP值为21～28。

1.4.3　氧化亚氮（Nitrous Oxide）

氧化亚氮（N_2O），又称一氧化二氮，常温常压下是一种气态的、无色有甜味微溶于水的无机氮氧化合物，标准状况下的密度大于空气。氧化亚氮曾经被作为吸入性麻醉剂使用，长期吸食可能引起高血压、晕厥，甚至心脏病发作。此外，长期接触此类气体还可引起贫血及中枢神经系统损害等。大气中的氧化亚氮最主要的来源是人类活动，包括种植业含氮肥料施用及畜牧业排放，化石燃料与生物质燃料燃烧过程，汽车尾气排放等。氧化亚氮是一种温室效应较强的温室气体，根据IPCC报告，氧化亚氮的全球变暖潜势（GWP）为265～298。

1.4.4　含氟气体（NF_3、HFCs、PFCs、SF_6）

在规定控制的温室气体中，含氟气体是一类气体的总称，包括三氟化氮（NF_3）、氢氟碳化合物（HFCs）、全氟碳化合物（PFCs）、六氟化硫（SF_6）。大气中存在的含氟气体的来源均为工业生产及电力行业排放，主要包括电子工业、金属（如金属镁）加工、磁性物生产、半导体制造以及输配电过程等。

含氟气体在空气中的化学性质非常稳定，极难降解或者转移到其他环境要素中，因而在大气中存在的时间很长。氢氟碳化合物（HFCs）能在大气中存在270年，六氟化硫（SF_6）则能在大气中存在3200年（IPCC），从而使含氟气体的温室效应极强。三氟化氮（NF_3）的GWP

值为16100，氢氟碳化合物HFC-23的GWP值为12400，全氟碳化合物（PFCs）的GWP值为6630～11100，六氟化硫（SF_6）的GWP更是高达23500（IPCC第五次评估报告）。据估算，到2050年，氢氟碳化合物（HFCs）升温贡献将超过10%。

1.5　温室气体排放与碳汇

1.5.1　温室气体排放

碳源：联合国气候变化框架公约将"碳源"定义为任何向大气中释放产生温室气体等气体的过程、活动或机制。

温室气体排放源：指向大气中排放二氧化碳等温室气体的过程、活动或机制。包括煤炭、石油、天然气等化石能源燃烧活动、工业生产过程以及土地利用变化与林业等活动产生的温室气体排放，也包括因使用外购的电力和热力等所导致的温室气体排放。

1.5.2　碳汇

碳汇（Carbon Sink）：一般是指从空气中清除二氧化碳的过程、活动及相关机制。主要是指森林吸收并储存二氧化碳的量（以m^3或者$t\ CO_2$为单位计算），可以衡量森林吸收并储存二氧化碳的能力。

1.5.3　其他易混淆概念（黑炭、绿碳、蓝碳）

黑炭：也被称为炭黑，黑炭气溶胶是大气气溶胶的重要组成部分。其来源主要是由于化石燃料、生物燃料和生物质的不完全燃烧，少部分则是自然产生。黑炭只能在大气中存留几天或几周。黑炭是颗粒物（PM）中吸光能力最强的颗粒之一，其覆盖在物体表面时，会减少反照率并促进大气吸收热量，产生变暖效应。

绿碳：是绿色植物通过光合作用充分吸收、利用大气中的二氧化碳而储存的碳。

蓝碳：是沿海（例如红树林、盐沼、海草）和海洋生态系统中的活生物体所捕获并储存在生物质和沉积物中的碳。

1.6　温室气体浓度

温室气体浓度是大气中温室气体分子数目与干燥空气总分子数目之比，以$10^{-6}\mu L/L$（表示百万分之一体积单位）表示。以最主要的温室气体二氧化碳为例，工业革命之前，大气中自然存在的二氧化碳浓度大约为$280\times10^{-6}\mu L/L$，幅度变化在$10\times10^{-6}\mu L/L$以内。工业革命之后，根据美国NASA观测的数据，2021年4月的二氧化碳浓度已经达到了$416\times10^{-6}\mu L/L$。

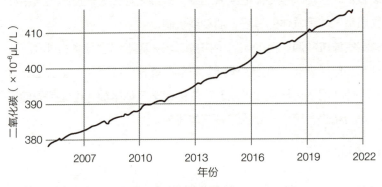

图1-4　全球温室气体浓度变化

1.7　碳达峰、碳中和

1.7.1　碳达峰

碳达峰（Peak Carbon Dioxide Emissions）是指在某一个时点，二氧化碳的排放达到峰值后不再增长，并逐步回落。碳达峰是二氧化碳排放量由增转降的历史拐点，标志着碳排放与经济发展实现脱钩，经济的增长不再以过量二氧化碳排放为代价。

1.7.2　碳中和

碳中和（Carbon Neutrality）是指国家、企业、产品、活动或个人在一定时间内直接或间接产生的二氧化碳，通过植树造林、节能减排等形式，将自身产生的二氧化碳或温室气体排放量正负抵消，达到

碳达峰碳中和：技术、市场与管理

相对"零排放"。碳中和目标中的吸收只包含由于人为活动增加的碳汇，即不包括自然吸收的碳汇以及碳汇存量。此外，我国承诺的2060年碳中和不仅包括二氧化碳的碳中和，还包括全经济领域温室气体碳中和。

某一个时刻，二氧化碳排放量达到历史最高值，之后逐步回落。

通过植树造林、节能减排等形式，抵消自身产生的二氧化碳或温室气体排放量，实现正负抵消，达到相对"零排放"。

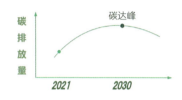

图1-5　碳达峰碳中和概念

1.7.3　气候中性

当一个组织的活动对气候系统没有产生净影响时，就是气候中性。一般情况下，对大多数组织而言，碳中和、净零排放和气候中性的含义是一样的。另外，对于大多数行业来说，净零排放和气候中性是一样的，因为这些部门产生的最重要的气候影响是向大气中排放温室气体。然而，一些行业，如航空业，也应该考虑辐射效应等其他非二氧化碳辐射效应因素产生的影响。

1.8　碳排放强度

碳排放强度（Carbon Emission Intensity）是指单位GDP二氧化碳排放量，该指标主要用于衡量国民经济与碳排放量之间的关系。一般情况下，碳排放强度会随着经济增长和技术进步而逐渐下降。但是碳排放强度受多方面影响，如产业结构、能源消费结构、能源强度等都会显著地影响经济碳排放强度水平。

2009年，在哥本哈根气候大会上，中国政府首次提出了"2020年单位国内生产总值的二氧化碳排放比2005年下降40%～45%"的宣言。截至2020年底，中国碳强度较2005年降低约48.4%，非化石能源占一次能源消费比重达15.9%，大幅超额完成了2020年气候行动目标。但根据《世界能源统计年鉴2020》的数据，我国碳排放强度仍旧属于全球较高水平。

1.9　碳抵消

碳抵消是指通过减少温室气体排放源或增加温室气体吸收汇，用来实现补偿或抵消其他排放源产生温室气体排放的活动。抵消信用（Offset Credit）通过特定减排项目的实施于减排项目获得减排量后进行签发，主要包括可再生能源项目、森林碳汇项目等。

1.10　碳足迹

碳足迹（Carbon Footprint）是"生态足迹"概念的延伸，对于"碳足迹"的准确定义目前还没有统一，但一般而言是指个人或其他实体（企业机构、活动、建筑物、产品等）所有活动引起的温室气体或二氧化碳排放量，既包括制造、供暖和运输过程中化石燃料燃烧产生的直接排放，也包括产生与消费的商品和服务所造成的间接碳排放。

碳足迹是从生命周期的角度出发，分析产品生命周期或与活动直接和间接相关的碳排放过程。碳足迹大致可以分为国家碳足迹、企业碳足迹、产品碳足迹和个人碳足迹四个层面。

国家碳足迹：所有为了满足家庭消费、公共服务以及投资所排放的温室气体或二氧化碳。

企业碳足迹：按照国际标准化组织所发布的环境标准ISO 14064核算出的企业生产活动产生的直接和间接的温室气体或二氧化碳排放。

产品碳足迹：产品生命周期内产生的温室气体或二氧化碳排放。目前有多种针对产品碳足迹的计算方法，其中运用较为广泛的是英国标准协会、碳信托公司以及英国环境、食品与农村事务部联合发起的

《PAS2050：2008商品和服务在生命周期内的温室气体排放评价规范》（通常也被简称为PAS2050），这也是全球首个产品碳足迹标准。

个人碳足迹：针对个人或家庭的生活方式和消费行为计算出的温室气体或二氧化碳排放量。

CO₂化学符号：
搭配CO₂化学符号，以及在标志中标示产品碳足迹数字

碳标签中文：
彰显文化自信，汉字作为民族文化的承载体，是一种传承，能充分体现标识无国界，更明确了中国国际影响力

碳足迹数值：
碳足迹标签上标示的碳足迹数值，代表该产品生命周期各阶段产生的温室气体排放量

圆形标志：
圆形标志为基础及绿叶组成的图案代表着保护或无限

星星：代表减少温室气体排放的级别

图1-6　碳标签标识

1.11　联合国气候变化框架公约缔约方大会

《联合国气候变化框架公约》（UNFCCC）诞生于1992年召开的里约热内卢（Rio de Janeiro）峰会，是著名的用于应对气候变化的国际协议。为确保公约得到遵守，缔约方会议（简称 COP）负责监督和审查签约方的履约进展。签约之初，公约的缔约方有154个，截至2021年，这一数字升至197个。

第一次世界气候大会：1979年，在瑞士日内瓦召开的第一次世界气候大会上，科学家警告说，大气中二氧化碳浓度增加将导致地球升温，为国际社会应对气候变化指明了方向。1988年，联合国政府间气候变化专门委员会（IPCC）成立，专门负责评估气候变化状况及其影响等。1991年，联合国就制定《联合国气候变化框架公约》开始了多边国际谈判。

联合国环境与发展大会：1992年6月3—14日，联合国环境与发展大会在巴西里约热内卢召开，共有183个国家和地区的代表团、70多个国际组织和团体的代表、102位国家元首和政府首脑参加。大会通过了《关于环境与发展的里约热内卢宣言》《21世纪行动议程》，154个国家和地区签署了《联合国气候变化框架公约》，148个国家和地区签署了

《生物多样性公约》。大会提出了人类"可持续发展"的新战略和新观念。联合国环境与发展大会是人类转变传统发展模式和生活方式，走可持续发展之路的一个里程碑。《联合国气候变化框架公约》是第一个应对全球气候变暖的具有法律效力的国际公约，也是国际社会在应对全球气候变化问题上进行国际合作的一个基本框架。之后，联合国气候变化大会每年举行一次。

COP1：1995年3月底至4月初，《联合国气候变化框架公约》第一次缔约方会议在德国柏林举行。会议通过了工业化国家和发展中国家《共同履行公约的决定》，要求工业化国家和发展中国家"尽可能开展最广泛的合作"，以减少全球温室气体排放量。

COP2：1996年7月，《联合国气候变化框架公约》第二次缔约方会议在瑞士日内瓦举行。会议呼吁各国加速谈判，争取在1997年12月前缔结一项"有约束力"的法律文件，以减少2000年以后工业化国家温室气体的排放量。

COP3：1997年12月，《联合国气候变化框架公约》第三次缔约方会议在日本京都召开，149个国家和地区的代表参加了会议。会议通过了旨在限制发达国家温室气体排放量以抑制全球变暖的《京都议定书》。2005年2月16日，《京都议定书》正式生效，开启人类历史上在全球范围内以法规的形式限制温室气体排放的先河。

COP4：1998年11月，《联合国气候变化框架公约》第四次缔约方会议在阿根廷布宜诺斯艾利斯举行。会议决定进一步采取措施，促使通过的《京都议定书》早日生效，同时制定了落实议定书的工作计划。

COP5：1999年10月底至11月初，《联合国气候变化框架公约》第五次缔约方会议在德国波恩举行。会议通过了商定《京都议定书》有关细节的时间表，但在《京都议定书》中所确立的三个重大机制尚未取得重大进展。

COP6：2000年11月，《联合国气候变化框架公约》第六次缔约方会议在荷兰海牙举行。由于美国坚持要大幅度减少减排指标，致使会议无法达成预期的协议。2001年3月，美国政府以不符合美国的国家利益为由，正式宣布退出《京都议定书》。

COP7：2001年10月，《联合国气候变化框架公约》第七次缔约方会议在摩洛哥马拉喀什举行。会议通过了《马拉喀什协定》，通过了有关《京都议定书》履约问题的一揽子高级别政治决定，为《京都议定书》附件1所规定的缔约方批准《京都议定书》并使其生效铺平了道路。会议结束了"波恩政治协议"的技术性谈判，为具体落实《京都议定书》迈出了关键的一步。

COP8：2002年10月底至11月初，《联合国气候变化框架公约》第八次缔约方会议在印度新德里举行。会议通过了《德里宣言》，强调应对气候变化必须在可持续发展的框架内进行，明确指出了应对气候变化的正确途径，敦促发达国家履行《联合国气候变化框架公约》所规定的义务，并在技术转让和提高应对气候变化能力方面，为发展中国家提供有效的帮助。

COP9：2003年12月，《联合国气候变化框架公约》第九次缔约方会议在意大利米兰举行。会议在推动《京都议定书》尽早生效并付诸实施方面未能取得实质性进展，取得的成果十分有限。

COP10：2004年12月，《联合国气候变化框架公约》第十次缔约方会议在阿根廷布宜诺斯艾利斯举行。会议议程主要涉及国际社会为应对全球气候变化而做的具体工作，在几个关键议程上的谈判进展不大。

COP11：2005年11月，《联合国气候变化框架公约》第十一次缔约方会议在加拿大蒙特尔举行，来自189个国家和地区的近万名代表参加了会议，并达成了40多项重要决定。其中，包括启动《京都议定书》新二阶段温室气体减排谈判，以进一步推动和强化各国的共同行动，切实遏制全球气候变暖的势头。大会取得的重要成果被称为"控制气候变化的蒙特尔路线图"。

COP12：2006年11月，《联合国气候变化框架公约》第十二次缔约方会议暨《京都议定书》缔约方第二次会议在肯尼亚内罗毕举行。大会达成了包括"内罗毕工作计划"在内的几十项决定，以帮助发展中国家提高应对气候变化的能力，并在管理"适应基金"的问题上达成一致，用于支持发展中国家具体的适应气候变化活动。

COP13：2007年12月3—15日，《联合国气候变化框架公约》第十三次缔约方会议暨《京都议定书》缔约方第三次会议在印度尼西亚巴厘岛举行，192个《联合国气候变化框架公约》的缔约方、176

个《京都议定书》缔约方，共1.1万多名代表参加了会议。会议着重讨论了2012年后人类应对气候变化的措施安排等问题，特别是发达国家应进一步承担的温室气体减排指标，通过了里程碑式的"巴厘岛路线图"。

COP14：2008年12月，《联合国气候变化框架公约》第十四次缔约方会议暨《京都议定书》第四次缔约方会议在波兰波兹南举行。会议总结了"巴厘岛路线图"的进程，正式启动了2009年气候谈判，同时决定启动帮助发展中国家应对气候变化的"适应基金"。

COP15：2009年12月7—18日，《联合国气候变化框架公约》第十五次缔约方大会暨《京都议定书》第五次缔约方会议在丹麦哥本哈根召开，共有来自192个国家和地区的代表参加，115位国家领导人出席，极大地促进了全球对气候变化问题的关注。会议达成了一份不具有法律约束力的《哥本哈根协议》，决定延续"巴厘岛路线图"的谈判进程，推动谈判向正确的方向迈进。同时，提出建立帮助发展中国家减缓和适应气候变化的绿色气候基金。会议成为全球走向生态经济发展道路的一个重要转折点。

COP16：2010年11月底至12月初，《联合国气候变化框架公约》第十六次缔约方会议暨《京都议定书》第六次缔约方会议在墨西哥坎昆举行。会议坚持了《联合国气候变化框架公约》《京都议定书》和"巴厘岛路线图"，坚持了"共同但有区别的责任"原则，确保了2011年的谈判继续按照"巴厘岛路线图"确定的双轨方式进行。会议还就适应、技术转让、资金和能力建设等发展中国家所关心的问题取得了不同程度的进展。

COP17：2011年11月底至12月初，《联合国气候变化框架公约》第十七次缔约方会议暨《京都议定书》第七次缔约方会议在南非德班举行。会议同意延长5年《京都议定书》的法律效力，就实施《京都议定书》第二承诺期并启动绿色气候基金达成了一致。会议决定建立德班增强行动平台特设工作组（德班平台），在2015年前负责制定一个适用于所有《联合国气候变化框架公约》缔约方的法律工具或法律成果。大会确定绿色气候基金为《联合国气候变化框架公约》下金融机制的操作实体。在德班大会期间，加拿大宣布正式退出《京都议定书》。

COP18：2012年11月26日—12月7日，《联合国气候变化框架公约》第十八次缔约方会议暨《京都议定书》第八次缔约方会议在卡塔尔多哈举行。会议通过了《多哈修正案》，最终就2013年起执行《京都议定书》第二承诺期及第二承诺期以8年为期限达成一致，从法律上确保了《京都议定书》第二承诺期在2013年实施。大会还通过了有关长期气候资金、《联合国气候变化框架公约》长期合作工作组成果、德班平台以及损失损害补偿机制等方面的多项决议。加拿大、日本、新西兰及俄罗斯明确不参加第二承诺期。

COP19：2013年11月，《联合国气候变化框架公约》第十九次缔约方会议暨《京都议定书》第九次缔约方会议在波兰华沙举行。会议主要取得三项成果：一是德班平台基本体现"共同但有区别的原则"；二是发达国家再次承认应出资支持发展中国家应对气候变化；三是就损失损害补偿机制问题达成初步协议，同意开启有关谈判。

COP20：2014年12月，《联合国气候变化框架公约》第二十次缔约方会议暨《京都议定书》第十次缔约方会议在秘鲁利马举行。大会就2015年巴黎气候大会协议草案的要素基本达成一致，进一步细化了2015年协议的各项要素，为各方进一步起草并提出协议草案奠定了基础。

COP21：2015年11月30日至12月12日，《联合国气候变化框架公约》第二十一次缔约方会议暨《京都议定书》第十一次缔约方会议在法国巴黎召开，有3.6万多名来自政府、联合国机构和政府间机构、非政府组织、媒体的代表参加了大会，参会的国家和地区达195个，约150位国家领导人出席了开幕式。会上，184个国家和地区提交了应对气候变化"国家自主贡献"文件，大会通过了《巴黎协定》。2016年11月4日，《巴黎协定》正式生效，成为《联合国气候变化框架公约》下继《京都议定书》后第二个具有法律约束力。本次会议成果：一是德班平台基本体现"共同但有区别的原则"；二是发达国家再次承认应出资支持发展中国家应对气候变化；三是就损失损害补偿机制问题达成初步协议，同意开启有关谈判。

COP22：2016年11月，《联合国气候变化框架公约》第二十二次缔约方大会暨《京都议定书》第十二次缔约方会议、《巴黎协定》第一次缔约方大会在摩洛哥马拉喀什举行。这是《巴黎协定》正式生效后的第一次联合国气候变化大会，来自全球190多个国家和地区的超过万名相关人士参加。本次气候变化大会的主要议题和意义是将《巴黎协定》的承诺转化为行动。

COP23：2017年11月，《联合国气候变化框架公约》第二十三次缔约方大会暨《京都议定书》第十三次缔约方会议在德国波恩举行。大会的核心议题是2018年促进性对话、国家自主贡献、全球盘点、适应和资金等。

COP24：2018年12月2—15日，《联合国气候变化框架公约》第二十四次缔约方会议暨《京都议定书》第十四次缔约方会议、《巴黎协定》第一次缔约方大会第三阶段会议在波兰卡托维兹召开，来自近200个国家和地区的代表参加了大会。大会通过了《巴黎协定》实施细则，为2020年以后全球气候行动的落实奠定了制度和规则基础。

联合国气候行动峰会：2019年9月23日，联合国气候行动峰会在纽约联合国总部召开。峰会取得了务实的成果，展现了各国在共同政治决心方面的飞跃，展示了为支持《巴黎协定》在实体经济领域开展的大规模行动，为2020年关键气候行动期限前实现国家目标和推动私营部门行动做出了重要努力。

COP25：2019年12月2—15日，《联合国气候变化框架公约》第二十五次缔约方会议暨《京都议定书》第十五次缔约方会议、《巴黎协定》第二次缔约方大会及相关边会在西班牙马德里召开，来自190多个国家和地区的代表，众多国际组织、非政府组织及媒体的2万多名代表参加了会议。大会就《巴黎协定》实施细则进行了谈判。大会通过的《智利—马德里行动时刻》文件指出，各方"迫切需要"削减导致全球变暖的温室气体排放。大会未能就核心议题《巴黎协定》第六条实施细则达成共识。

COP26：2021年11月1–12日，《联合国气候变化框架公约》第二十六次缔约方会议在英国格拉斯哥召开，主要达成《格拉斯哥气候公约》，与会各国同意逐步减少使用煤炭、增加对发展中国家的气候援助，并在2022年底提出更高的减排目标；中美联合发表宣言，明确双方将在气候变化领域加强合作；中国、美国、巴西等110个国家承诺在

2030年之前停止和扭转砍伐森林行为；197个缔约方均提出了NDC（国家自主贡献），且84%的国家提高了NDC目标。

1.12　政府间气候变化专门委员会（IPCC）

政府间气候变化专门委员会（Intergovernmental Panel on Climate Change，IPCC），是一个附属于联合国之下的跨政府组织，专责研究由人类活动所造成的气候变迁。目前，IPCC有195个成员国，其主要工作是发布与执行《联合国气候变化框架公约》有关的专题报告。政府间气候变化专门委员会主要根据成员互相审查对方报告及已发表的科学文献来撰写评估报告。

IPCC下设三个工作组和一个专题组。第一个为科学工作组，负责评估气候系统和气候变化的科学问题；第二个为影响工作组，负责评估气候变化产生的社会经济和环境影响及适应气候变化的选择方案；第三个为响应对策工作组，负责制定限制温室气体排放并减缓气候变化的选择方案。专题组则是国家温室气体清单专题组，主要负责制定IPCC《国家温室气体清单》计划。每个工作组以及专题组设两名联合主席，分别来自发展中国家和发达国家，并下设一个技术支持团队。

IPCC的评估结果对全球气候治理具有深远的影响。第一次IPCC评估报告（FAR）于1990年发布，1992年联合国通过《联合国气候变化框架公约》（UNFCCC），并于同年在巴西里约热内卢召开的地球峰会上共同签署，以"共同但有区别的责任"原则开始应对全球气候问题。第二次IPCC评估报告（SAR）1995年发布，1997年12月《京都议定书》出台，全球决定"将大气中的温室气体含量稳定在一个适当的水平，进而防止剧烈的气候改变对人类造成伤害"。2014年，IPCC第五次评估报告发布（AR5），2015年12月《巴黎协定》出台，决定要到本世纪末把全球变暖控制在2℃以内，并努力将温度上升幅度限制在1.5℃以内。2021年第六次IPCC评估报告（AR6）的发布，全球将全面进入到"碳中和"时代，各国将努力到本世纪中叶实现碳中和。

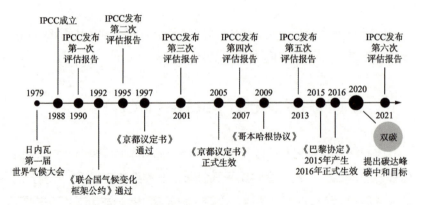

图1-7　IPCC历次报告

1.13　"共同但有区别"原则

　　"共同但有区别"原则是《联合国气候变化框架公约》的核心内容，该原则是指由于地球生态系统的整体性和在导致全球环境退化过程中发达国家和发展中国家的不同作用，各国对保护全球环境应负共同但有区别的责任。它包括两个方面，即共同的责任和有区别的责任。这是因为发展中国家与发达国家之间在对全球环境所施加的压力以及对全球自然资源的消耗方面存在着实际差别。"共同但有区别的责任"原则不仅体现了污染者付费原则，也体现了公平原则。

　　"共同"是指每个国家都要承担起应对气候变化的义务。"区别"是指发达国家要对其历史排放和当前的高人均排放负责。发达国家拥有应对气候变化的资金和技术，而发展中国家仍在以经济和社会发展及消除贫困为首要和压倒一切的优先事项。因此，发达国家的减排是法律规定义务，而发展中国家提出的措施属自主行动。根据这一原则，发达国家率先排放，并给发展中国家提供资金和技术支持；发展中国家在得到发达国家技术和资金支持下，采取措施减缓或适应气候变化。

1.14　温度上升幅度2℃、1.5℃的目标

　　IPCC研究表明：如果人为排放的温室气体导致全球升温超过2℃，那么将给地球生态系统造成不可逆的破坏。这就是人类应对气候变化的底线，所以早期的相关国际公约均以将全球温度上升幅度控制在2℃以

内为目标。

2018年10月8日，IPCC发布了《IPCC全球升温1.5℃特别报告》，报告是关于全球升温高于工业化前水平1.5℃的影响以及相关的全球温室气体排放路径的IPCC特别报告。这份报告强调了将全球变暖限制在1.5℃，而不是≥2℃，这是因为限制温度升高1.5℃可以避免一系列气候变化影响。例如，到2100年，将全球变暖限制在1.5℃而非2℃，全球海平面上升将减少10cm；随着全球升温1.5℃，珊瑚礁将减少70%～90%，而升温更高的情况下珊瑚礁将消失殆尽（＞99%）。

《巴黎协定》中对温室气体控制的目标描述为：将全球平均气温较前工业化时期上升幅度控制在2℃以内，并努力将温度上升幅度限制在1.5℃以内。在之后各国的政策行动中，都基本按照1.5℃的目标在制定相关政策，1.5℃这个目标慢慢成为新的应对气候变化目标。

1.15 影响碳排放的因素

碳排放具体涉及国家碳排放总量、国家累积排放量、单位地区生产总值及二氧化碳排放量、人均碳排放、人均历史累积碳排放等概念，因此碳排放受到众多而广泛的影响因素。一个国家的人均碳排放水平主要受到以下社会经济驱动因子的影响。

（1）**经济发展阶段**。主要表现在产业结构、人均收入和城市化水平等方面，这些对能源消费和碳排放均有重要影响。

（2）**能源资源禀赋**。碳排放主要来源于化石能源的使用，其中，煤炭、石油、天然气的碳排放系数依次递减。提升清洁能源比重，推动能源结构转换能显著降低碳排放强度。

（3）**技术因素**：通过改进提升能源利用效率、管理效率以及碳捕集与封存等技术水平，可减缓甚至降低二氧化碳的排放。

（4）**消费模式**：能源消耗及其排放在根本上受到社会消费活动的驱动，发展水平、自然条件、生活方式等方面的差异均会导致能源消耗和碳排放的巨大差异。

此外，人口变化、环境政策和国际政治环境也会对国家和地区的碳排放产生重要影响。

2 碳排放权的概念及常见温室气体减排机制介绍

2.1 碳排放权

碳排放权是指分配给重点排放单位具有规定期限的碳排放额度。随着《京都议定书》的生效，2005年，碳排放权成为国际商品。

碳排放权的来源可以是一级市场，也可以是二级市场。根据我国的情况，一级市场一般是由各省级生态环境主管部门进行配额初始发放的市场，分为无偿分配和有偿分配，其中有偿分配附带有竞价机制，遵循配额有偿、同权同价的原则，以封闭式竞价的方式进行；二级市场是控排企业或投资机构进行交易的市场。

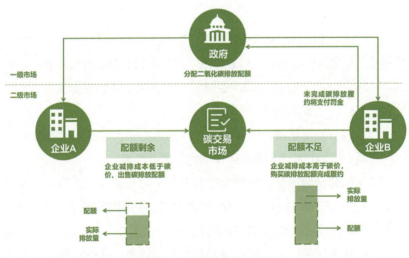

图2-1 碳排放市场示意图

2.2 碳排放权交易

碳排放交易，即把二氧化碳排放权作为一种商品，买方通过向卖方支付一定金额获得一定数量的二氧化碳排放权，从而形成了二氧化碳排

碳达峰碳中和：技术、市场与管理

放权的交易，简称碳交易。碳交易市场是由政府通过对能耗企业的控制排放而人为制造的市场。通常情况下，政府确定一个碳排放总额，并根据一定规则将碳排放配额分配至企业。如果未来企业排放高于收到的配额，则其需要到市场上购买配额。与此同时，部分企业通过采用减排技术，最终碳排放低于其获得的配额，则可以通过碳交易市场出售多余配额。进行碳配额交易的地方一般称为碳排放交易所。

在存在碳交易的情况下，企业会通过比较自己的边际减排成本与碳排放权价格，决定自己在碳交易市场中的行为。如果企业减排成本低于碳交易市场价时，企业会选择减排，减排产生的份额可以卖出从而获得盈利；如果企业减排成本高于碳市场价时，会选择在碳市场上向拥有配额的政府、企业、或其他市场主体进行购买，以完成政府下达的减排量目标。而如果企业没能足量购买碳配额以覆盖其实际排放量，则企业会面临多种处罚，包括罚款、记入黑名单、影响征信及影响未来获取碳配额的权利。

通过碳市场的机制设计，碳交易市场将碳排放这一外部性问题内化为企业经营成本的一部分，而交易形成的碳排放价格则引导企业选择成本最优的减碳手段，包括节能减排改造、碳配额购买或碳捕捉等，市场化的方式使得在产业结构从高耗能向低耗能转型的同时，全社会减排成本达到并保持最优化。

2.3 碳排放配额和自愿减排量

我国碳市场有两种基础产品，碳排放配额（Chinese Emission Allowance，CEA，以下简称"配额"或者CEA）或者国家核证自愿减排量（Chinese Certified Emission Reduction，CCER，以下简称为"核证减排量"或者"CCER"）。

碳排放配额：由政府分配给企业，是政府为完成控排目标采用的一种政策手段，来实现碳配额在不同企业的合理分配，最终以相对较低的成本实现控排目标。

CCER：指对我国境内可再生能源、林业碳汇、甲烷利用等项目的温室气体减排效果进行量化核证，并在国家温室气体自愿减排交易注册

图2-2 碳交易市场的基础产品

登记系统中登记的温室气体减排量。作为碳配额交易的补充，CCER交易指控排企业向实施"碳抵消"活动的企业购买可用于抵消自身碳排的核证量。"核证"指的是一个CCER项目在进入市场前，首先需要经过一系列严格的量化考察以及层层备案，"自愿"指的是这一交易标的有别于国家强制划分的碳排放配额，是由环保减排项目主动发起的减排活动。因此，简单地说，CCER就是一种经官方指定机构审定，或由企业自愿创造的，由其环保项目带来的温室气体减排量。

2.4 碳税

碳税是一项针对责任主体向大气排放二氧化碳而征收的环境税，其目的是通过税收手段，抑制二氧化碳的过量排放，从而减缓气候变暖进程。碳税能够有效合理地引导市场参与者走向低碳未来，提供了具有成本效益的杠杆。

目前，全球范围内征收碳税的地区不在少数。2021年5月，世界银行发布《2021碳定价发展现状与未来趋势》报告，报告显示：世界上已经实施的碳定价机制共计64种，覆盖全球温室气体总排放量的21%，其中，35项是碳税制度，涉及全球27个国家。芬兰、挪威、瑞典、丹麦等北欧国家从20世纪90年代初开始征收碳税。进入21世纪后，瑞士、列支敦士登等欧洲国家也陆续开征碳税，而2010年以后，冰岛、爱尔兰、乌克兰、日本、法国、墨西哥、西班牙、葡萄牙、智利、哥伦比亚、阿根廷、新加坡、南非等越来越多的国家纷纷加入了征收碳税国家的行列。

不过，各国税率水平差距较大，从1～140美元/t CO_2当量不等。其中，欧洲国家税率较高，例如，瑞典、瑞士分别为137、101美元/t CO_2

当量。冰岛、法国等国碳税税率则在40～73美元/t CO$_2$当量之间。部分美洲和非洲国家碳税的税率较低，如阿根廷、哥伦比亚、西哥、南非等国家普遍低于10美元/t CO$_2$当量。在亚洲征收碳税的国家有两个：新加坡和日本，覆盖碳排放范围较广，分别达到了本国的80%和75%，但是其税率较低，分别是3.7美元/t CO$_2$当量和2.6美元/t CO$_2$当量。

2.5　碳定价

　　世界银行定义碳定价为温室气体（Greenhouse Gases）排放以每吨二氧化碳当量（t CO$_2$e）为单位给予明确定价的机制，包括碳税、碳市场交易体系（ETS）、碳信用机制和基于结果的气候金融（Result-based Climate Finance）。目前，广泛应用的碳定价机制包括碳税与碳市场交易体系，碳信用机制则融合于碳市场交易体系中。碳定价可以引导生产者和家庭从事以增长为导向的低碳行为和投资，是一项高成本效益的有力工具。然而迄今为止碳价一直很低，且碳价格跨度很大，最低1美元/t CO$_2$当量，最高139美元/t CO$_2$当量，平均价格10美元/t CO$_2$当量。目前，G20国家的大部分CO$_2$排放并没有定价，而已定价的排放中，91%的价格低于30欧元/t CO$_2$（对排放的每t CO$_2$造成的最低社会成本的保守估计），远远低于斯特恩–斯蒂格利茨碳定价高级别委员会认为符合《巴黎协定》气温目标的2020年40～80美元/t和2030年50～100美元/t的水平。

2.6　碳价影响因素

　　碳排放权价格是整个碳市场交易体系中的定价基础和核心要素，已成为核定成本、调剂供求的重要工具。由于碳排放权是人为设定的，其产生本身就决定了它与一般金融资产的交易行为不同。碳排放权交易除了会受到市场供求规律的影响外，还会受到国内外诸多因素的影响。譬如，政府的配额分配、能源市场的状况、国际气候谈判的进展、减排技术以及政府应对气候变化的相关政策措施等，而且后者的作用往往更大。由于这一系列因素与外部环境息息相关，导致了碳排放权交易的风险很大，且错综复杂，从而使交易者的交易行为更加谨慎，彼此间的博弈也更为激烈，价格形成过程繁杂。碳排放权作为一种特殊的资产类商品，具有稀缺性与强制性、政策性与波动性、排他性与转让性等特点，其最终成交价格的影响因素相较一般金融资产要复杂得多。

2.7 温室气体减排机制

作为《联合国气候变化框架公约》中具有实际措施和法律约束力的"实施细则"，《京都议定书》规定了三个温室气体减排机制，即联合履约（Joint Implementation，JI）、清洁发展机制（Clean Development Mechanism，CDM）、排放权贸易（Emission Trading，ET）。这三个减排机制成为国际上及开展气候变化碳减排措施国家最常见的温室气体减排机制的重要参考。

2.7.1 联合履约（Joint Implementation，JI）

《京都议定书》第六条规范了"联合履约"机制。在联合履约机制中，《京都议定书》附录1中涉及的缔约方可以向任何其他此类缔约方转让或从它们获得由任何经济部门旨在减少温室气体的各种源的人为排放或增强各种汇（碳汇）的人为清除的项目所产生的减少排放单位。这是一个仅限于部分发达国家之间的项目级合作，其所实现的温室气体减排抵消额称为"排放减量单位"（Emission Reduction Units，ERUs），项目的东道国可以将ERUs转让给那些需要额外的排放权才能兑现其减排义务的国家，但是同时必须在东道国的允许排放限额上扣减相应的额度。

2.7.2 清洁发展机制（Clean Development Mechanism，CDM）

清洁发展机制是《京都议定书》中引入的灵活履约机制之一，也是《京都议定书》规定的三个温室气体减排机制中唯一一个可以发展中国家参加的项目级合作机制。该机制在《京都议定书》第12条中有规范性论述。清洁发展机制主要有两个目标：①帮助非缔约方持续发展，为实现最终目标作出应有贡献；②帮助缔约方进行项目级减排量抵消额的转让与获得。

在该机制中，非缔约方（即绝大部分发展中国家）实施项目限制或减少温室气体排放而得到的核证减排量（Certification Emission Reduction，CER），经过由UNFCCC的缔约方大会指定的经营实体的认证后，可以转让给来自缔约方的投资者。一部分从项目活动得到的收益将用于支付管理费用，以及支持那些对气候变化的负面效应特别敏感的发展中国家。因此，该机制允许缔约方中的发达国家与发展中国家进行项目级的减排量抵消额的转让与获得，在发展中国家实施被认证的温室气体减排项目。

缔约方需要联合开展二氧化碳等温室气体减排项目。这些项目产生的减排数额可以被附件1缔约方作为履行他们所承诺的限排或减排量。对发达国家而言，CDM提供了一种灵活的履约机制，成为全球减排和技术转让的手段之一。而对于清洁发展机制的参与方必须符合三个基本要求：自愿参与CDM；建立国家级，CDM主管机构；批准《京都议定书》。此外，工业化国家还必须满足几个更严格的规定：完成《京都议定书》第3条规定的分配排放数量，建立国家级的温室气体排放评估体系，建立国家级的CDM项目注册机构，提交年度清单报告，为温室气体减排量的买卖交易建立一个账户管理系统。

清洁发展机制规定CDM项目必须满足：①获得项目涉及的所有成员国的正式批准；②促进项目东道国的可持续发展；③在缓解气候变化方面产生实在的、可测量的、长期的效益。CDM项目产生的减排量还必须是任何"无此CDM项目"条件下产生的减排量的额外部分。

2.7.3 排放权贸易（Emission Trading，ET）

按照《京都议定书》规定，排放贸易机制允许当一个附件1国家超额完成其承诺的减排任务，便可以将多余的减排限额部分出售给某个排放量超过减排目标的附件1国家。排放贸易通过附件1缔约方之间的协商确定总的排放量，根据各个国家减排承诺分配各自的排放上限"分配数量单位"（Assigned Amount Unit，AAUs），附件1国家可以根据本国实际温室气体排放量，对超出分配数量的部分进行购买或者对短缺部分进行出售。由于各个附件1国家的边际减排成本存在差异，边际减排成本较高的国家愿意从市场上购买一定的减排量以节约成本，而边际减排成本较低的国家可以超额减排来出售AAUs以增加收益。该机制通过市场交易的方式让附件1国家的总减排成本最小化。

③ 国内外碳市场介绍

人类经济活动向大气环境中排放过量的二氧化碳从而造成严重的、长期的、难以准确预测的外部性，如全球气候变暖、自然灾害、农业减产、生物多样性减少等。因此，人们基于科斯定理（Coase Theorem）的产权理论建立了碳交易体系和各种碳交易工具以应对这些负外部性。碳市场通过"总量控制与交易"（Cap and Trade）原则，在碳排放总量控制的目标下给纳入温室气体排放控制的主体分配配额，并通过市场交易形成合理的市场价格。通过将温室气体的外部性转化为企业内部的经济成本，提高政策的成本效率，降低减排产生的社会总成本，促进碳排放资源的帕累托最优配置。国内外很多区域和国家已经建立碳排放交易市场，一些市场已经具有很大的规模和成熟的体制，有效兼顾和促进了温室气体减排和经济发展。

3.1 国外主要碳市场

3.1.1 欧盟碳排放交易市场（EU-ETS）

欧盟作为应对气候变化的先锋，在《京都议定书》通过后，欧盟就做出承诺，其在《京都议定书》附件I中的15个成员国将作为一个整体，实现到2012年时温室气体排放量比1990年至少削减8%的减排目标。为此，1998年6月欧盟委员会发布了题为《气候变化：后京都议定书的欧盟策略》的报告，提出要在2005年前建立欧盟内部的温室气体排放权交易机制。在美国拒绝核准《京都议定书》后的2001年，欧盟温室气体排放交易机制意见稿提交欧盟委员会，并在次年10月获得通过。2003年，欧盟委员会通过了温室气体排放配额交易指令（Direetive 2003/87/EC），这项指令为后来欧盟排放交易机制的建立奠定了牢靠的法律基础和运营基础。

自2005年开始运行的欧盟碳市场（European Union Emission

Trading Scheme，EUETS）至今都是其他国家效仿的对象，除了因为其本身是全球运行最早和成熟度最高的碳市场，更多的是因为其"边学边做"的发展历程对探索建立碳市场的发达国家和发展中国家来说更具参考学习价值。

欧盟碳市场自启动以来便经历了数次改革，按照碳市场履约周期来划分，欧盟碳市场的运行目前可以分为四个阶段。

已经完成履约的三个阶段时间跨度不一，覆盖范围逐渐从小众走向广延，碳市场也已经在各种实践中催生出了一系列欧盟应对气候变化的缓冲与调控措施。其中，第一阶段和第二阶段对应欧盟在《京都议定书》第一承诺期中设下的减排目标，第三阶段对应欧盟在《京都议定书》第二承诺期中设下的减排目标。新一轮履约周期，即第四阶段对应欧盟在《巴黎协定》中做出的2021—2030年的减排目标。从纳入范围来看，欧盟碳市场分阶段逐步实施，第一阶段覆盖了电力、钢铁、水泥、化工等行业，第二阶段纳入了航空业，第三阶段纳入了建筑业。

第一阶段（2005—2007年）：这一阶段属于试运行阶段，《京都议定书》生效后，世界各国（尤其是美国）在气候问题上表现出的差异化态度使得全球碳市场的发展前景充满了各种不确定性，先行启动碳排放交易市场的欧盟在起始两年保持了一种谨慎的态度。在这一阶段，欧盟碳市场纳入的履约行业只覆盖了发电厂和内燃机规模超过20MW的企业（危废处置和城市生活垃圾处置设施除外），以及炼油厂、焦炉、钢铁厂、水泥、玻璃、石灰、陶瓷、制浆和纸生产等工业企业，同时有95%的碳配额分配采取了免费发放形式。

欧盟碳市场机制在这两年的履约周期中暴露出了几处不足：一是未建立碳排放核查机制，排放国倾向于虚报数据，碳交易市场在运行过程由于缺乏可靠的数据而导致预估结果出现偏差；二是欧盟成员国在分配配额时有很大的自主权，分配较为宽松；三是配额分配以历史法为主，也就是根据企业自身的历史排放情况来发放配额，这不仅容易导致"鞭打快牛"的不公平现象出现，也会引发市场配额过剩问题。第一阶段中以能源部门为代表，市场上碳配额供过于求，2006年配额价格从30欧元/t下跌到15欧元/t。由于第一阶段的配额不允许结转至下一阶段使用，临近履约周期末尾的配额价格更是跌到零点。

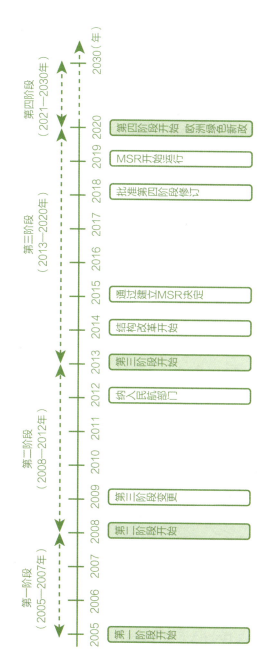

图3-1　欧盟碳交易市场重大事件时间线

第二阶段（2008—2012年）：这一阶段，开始欧盟正式履行其在《京都议定书》第一承诺期中定下的减排承诺。在第一阶段的基础上，欧盟碳市场覆盖范围开始扩大，参与碳交易的成员国新增了冰岛、列支敦士登以及挪威，履约行业新纳入了航空行业（2023年12月前仅限往返于欧盟、挪威和冰岛的航线）。针对欧盟碳市场在第一阶段中暴露出的问题，在第二阶段采取多项措施加强了核算和配额控制，包括优化碳排放核算体系、完善配额分配方案和加强对成员国分配计划的审核等，其中免费配额发放比例削减至90%。

然而受2008年经济危机和欧债危机影响，全球经济衰退，欧盟实际排放量远低于规定的上限，所需的碳配额减少，导致许多企业的排放配额出现剩余，市场上再次出现碳配额供大于求的现象，仅2009年欧盟碳市场的配额总剩余量便接近8000万t。在此背景下，这一阶段里欧盟碳交易市场碳配额交易价格持续处于低迷状态，曾一度跌破5欧元/t。事实上，欧盟在第二个履约周期中提供配额稀缺预期以及允许配额跨期储存等政策措施在提升碳市场运行稳定性上还是发挥了重要作用的，毕竟即使在金融危机的冲击之下，欧盟碳市场的碳价也没有暴跌成第一阶段末期的地板价。

第三阶段（2013—2020年）：欧盟碳市场的第三个履约周期对应的是欧盟在《京都议定书》第二承诺期中做出的承诺。在这一阶段，多项重要改革开始被执行。欧盟碳交易市场建立了专门的第三方核查体系，并重点对配额分配进行了改革，将设定排放配额总量的权力集中至欧盟委员会，由该委员会制定欧盟整体的排放配额总量并向各国分配；配额总量上限开始日益收紧，总体上确定了排放上限在前一个履约期年配额总量基础上每年以线性系数1.74%递减的动态机制；进一步扩大了基准线法和拍卖的适用范围（基准线法以行业的碳排放强度基准来确定企业配额分配，相比历史法更好地体现了公平原则。拍卖则能最有效率地发现碳价，最大程度上发挥碳交易体系的减排效率），碳配额由免费分配为主逐步过渡到拍卖占比不低于50%；此外，由于第二阶段的欧盟碳市场允许剩余配额留存至第三阶段，第三阶段的碳价长期处于低位，直到欧盟委员会开始讨论引入市场稳定储备机制（MSR）并推进第四阶段改革方案，市场才表现出强烈的利好信号。2019年，市场稳定储备机制开始运行，欧盟碳市场将12%的过剩配额纳入市场稳定储备中，碳市场逐步完善。

第三阶段的一系列机制变革使得欧盟碳市场的金融化程度不断提高，碳价发现功能逐渐增强。因此，欧洲碳价自2019年开始出现高速爬升，虽然新冠肺炎疫情暴发后导致碳价一度急剧下滑，但得益于市场稳定储备机制的支撑，以及欧洲绿色复苏计划的执行，欧洲碳价上涨的价格信号得到有效提升，至2020年已提升到30欧元/t以上。

在第二阶段中，与欧盟谈判进行碳交易市场连接的瑞士，在2013年参照欧盟规则修改了本国碳市场规则，并于2020年与欧盟碳市场完成了连接，为全球范围内的区域性碳交易市场连接提供了具有参考价值的案例示范。

第四阶段（2021年）：在经历了15年的摸爬滚打后，欧盟将在前三个阶段的基础上实施更为严格的减排计划。其中，碳排放上限将以更快的速度递减，将碳排放配额年度总量的折减因子自2021年起由1.74%提高至2.2%。未来，欧盟碳市场仍将通过市场稳定储备机制从市场中撤回过剩的配额。这些措施明确了欧盟长期减排的决心，进一步强化了配额的稀缺性，起到了稳定和提升碳价的作用。2021年初，欧盟碳价已经上涨到了30欧元以上。

随着2020年末英国正式退出欧盟，也脱离了欧盟碳交易市场。英国在结束了长达47年的欧盟成员国身份以后，于2021年1月1日正式启动英国碳市场。英国碳排放交易系统与欧盟碳排放交易系统第四阶段的设计特征非常相似，目前只覆盖了电力、工业和航空部门。但是，英国碳排放交易系统的排放上限更为严格，比欧盟上限低5%。英国能源白皮书《为零碳未来提供动力》宣称，英国碳市场是"世界上第一个净零碳排放限额和交易市场"。

随着欧盟气候雄心的不断壮大和碳市场的日益完善，欧盟碳市场的参与主体还将进一步扩容。根据欧盟委员会公布的《2030年气候目标计划》，道路运输、建筑以及内部海运都将在这一阶段纳入欧盟碳市场的管控范围。另外，涵盖商业银行、投资机构、私募基金等多样化的金融主体参与碳市场的队伍也将日益壮大，市场活跃度有望得到大幅提升。

3.1.2 新西兰碳市场（NZ ETS）

2008年，新西兰碳市场（New Zealand Emissions Trading Scheme，NZ ETS）开始运营，这也就意味着新西兰碳市场的起步发展仅仅只比欧盟碳市场晚了3年左右的时间，是在欧盟之后第二个启动的发达国家强制性碳市场，新西兰碳交易市场重大事件见图3-2。

新西兰碳市场在建设之初，只是作为《京都议定书》之下的嵌套体系开展建设的，后来以国家层级的碳市场定位开始进行交易并且经历了从《京都议定书》到《巴黎协定》两次全球气候治理共识的变化，但相比欧盟碳交易体系，新西兰碳市场在体制机制的改革改进方面甚至可以用"佛系"来形容。要知道，确立新西兰碳交易市场基本法律框架的《2002年应对气候变化法》早在2001年就通过了，足足等了7年才鸣锣开市，当然，该法律也分别于2008年、2011年、2012年、2020年进行过修订。直到2015年，新西兰政府对碳市场才进行了严格意义上的立法改革，明确停止接受京都减排指标，改善了碳市场的设计和运营。

2019年起新西兰碳市场开启了新一轮深度改革，明确地提出了一系列改进措施，包括从2021年起逐步减少工业部门的免费配额分配，引入新的林业行业排放核算方法，明确新的未履约处罚办法等。2020年6月，应对气候变化（排放交易改革）修正法案通过，新西兰政府推出了加强碳减排计划的新法令，为其2021—2025年的气候政策（包括碳市场）奠定了法治基础。这一轮前所未有的改革力度，终于彰显出了新西兰碳市场这位历经《京都议定书》和《巴黎协定》的"两朝元老"为实现更加深远的气候雄心奠定基础的决心。

新西兰碳市场在发展改革历程中的特点以及变化主要可以归纳为以下几点：

（1）新西兰碳市场最初只管控了林业部门，后来逐渐纳入了电力、工业、航空、交通、建筑、废弃物以及农业（当前农业仅需要报告排放数据，不需要履行减排义务）等行业，在全球碳市场中覆盖的行业最为全面，其定位即是覆盖新西兰经济体中的全部生产部门。且新西兰碳市场纳入控排行业的门槛较低，覆盖的总排放量约占新西兰总排放量的51%。

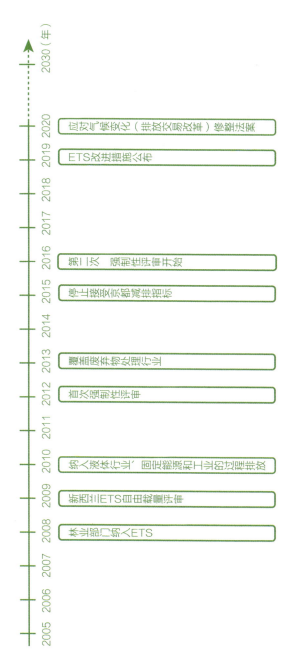

图3-2　新西兰碳交易市场重大事件时间线

2030（年）

2020　应对气候变化（排放交易改革）修整法案

2019　ETS改进措施公布

2016　第三次 强制性洪审开始

2015　停止接受京都减排指标

2013　覆盖废弃物处理行业

2012　首次强制性洪审

2010　纳入液体行业、固定能源和工业的过程排放

2009　新西兰ETS自由载量洪审

2008　林业部门纳入ETS

（2）相对于其他区域性碳市场，新西兰碳市场对温室气体中的甲烷减排要格外重视一些。这主要是因为新西兰作为羊毛和乳制品出口大国，温室气体排放来源的结构较为特殊：农业占48%，能源使用（交通）占21%，能源使用（其他）占19%，工业过程占7%，废弃物占5%。其中，农业部门产生的温室气体中约有35%是甲烷❶。为此，新西兰新的《应对气候变化修正法案》提出将从2025年开始对农业排放进行定价。

（3）新西兰碳市场最初对国内碳配额总量并未设置上限，2020年通过的《应对气候变化修正法案》首次提出碳配额总量控制（2021—2025年）。

（4）新西兰碳市场以往通过免费分配或固定价格卖出的方式来分配初始配额，在2021年开始引入碳配额（NZU）拍卖机制，并于2021年3月对碳配额进行了首次拍卖。此外，新法令还制定了逐渐降低配额分配比例的时间表，政府从2021年开始逐步减少对排放密集且易受贸易冲击的行业（工业部门）的免费配额。

（5）新西兰碳市场的价格控制手段从固定价格控制转变为成本控制储备。固定价格期权的取消叠加碳排放上限的设置，使得新西兰碳价在新法令宣布后应声上涨，创下了历史新高。

3.1.3　美国区域温室气体减排倡议碳市场

美国作为全球第一大经济体、历史上的碳排放"贡献大国"和现今的全球第二碳排放大国，在对待应对气候问题上却表现出了与大国形象严重违和的态度。目前，美国在其低碳发展优势如此鲜明的情况下，对待全球气候问题的态度依旧在左右摇摆。在介绍美国区域碳市场之前，简单回顾一下美国对待碳减排的态度，以便理解什么都要争先的美国为何至今还处在区域碳市场阶段。

20世纪90年代，克林顿政府在面对全球气候问题上是积极的。这一时期，美国遭遇了前所未有的极端天气，严重的热浪与45℃高温等自然灾害导致农牧业损失惨重，造成了干旱与大量人员伤亡。空

---

❶ 数据来源：ICAP，华宝证券研究创新部。

前的天灾使得当时的克林顿政府在应对全球气候变化这一议题上表现出了积极态度。1993年,《美国气候变化行动计划》提出鼓励通过加快开发清洁能源和创新环保技术等手段与措施促进碳减排。1994年,克林顿发布美国国家安全战略报告,将环境外交上升到了国家安全战略层面,环境安全更是被提升到了战略安全的高度。1997年,连任总统的克林顿宣称美国要承担保护地球的领导责任,同时积极参加并签署了全球首个具有法律效力的温室气体减排协定——《京都议定书》,承诺美国将在目标期限内,以1990年为基准至少减排7%。但是由于国会的反对,《京都议定书》的签署以及相关减排目标的落实最终并未得到参议院的核准。国会的阻挠并不能消减克林顿致力推动《京都议定书》生效的决心,他巧妙地利用行政优势绕开国会,还投入了大量资金以推进全球气候治理进程,可惜的是,克林顿政府心有余而力不足,所推出的气候治理举措在执行效果上并不尽如人意。

如果说克林顿政府是"努力过"的话,那么布什政府可以用"视而不见"来形容。在布什任职期内,美国同样是灾害频发,人财损失惨重,然而这一时期的执政党并没有出台应对气候变化的政策与措施,其中深意可见一斑。2001年3月,布什政府更是以减少温室气体排放将会给美国经济发展带来消极影响,以及中印等发展中国家理应承担减排和限排义务为由,宣布退出《京都议定书》。这一看似合理的行为,导致了《京都议定书》的生效陷入僵局。此后,美国虽然迫于国际社会的重压在政策上做出了一定调整,但是其对全球气候治理消极的态度依然未曾改变,自然也不曾采取任何实质性措施来促进减排。

布什之后是"环保斗士"奥巴马。奥巴马在当选总统后便表示"气候变化将继续损害我们的经济、威胁我们的国家安全,我的上任就职将标志着美国在全球气候变化方面重新担当领导地位的新篇章",这番话被国际社会视作气候变化问题上小布什时期的结束和奥巴马时期的开始。鉴于当时能源与环境成为民心之所向,奥巴马政府在美国国内大力推行新能源政策。美国先后制定出台了《2009年美国清洁能源与安全法案》《总统气候行动计划》《清洁电力计划》等政策,希望通过政策引导碳减排。此外，奥巴马政府还在国际社会积极推动双边和多边气候谈判，签署了《巴黎协定》并积极推动《巴黎协定》的生效实施，为国际社会尤其是发展中国家提供气候资金支持，希望重塑美国全球气候治理领袖的地位。2013年，获得连任的奥巴马更是在连任演讲时强调："我们应该对气候变化带来的威胁做出反应，如果我们不这样做，将是对子孙的背叛。"虽然奥巴马政府的气候政策一直遭到国会的反对，但是他始终没有放弃利用行政手段实施低碳和环保的绿色新政。

然而2017年，特朗普一上任便犹如犀牛闯进了瓷器店，当即宣布退出《巴黎协定》。在他看来，《巴黎协定》是"一项对美国企业不利的协定"，对美国经济增长产生了负面影响，"使美国处于不利竞争地位"。虽然美国自20世纪90年代以来便一直饱尝因温室气体过度排放导致极端天气横行的苦果，但"睁着眼睛说瞎话"的特朗普总统还是在个人推特中发表了他独有的"真知灼见"："美国的天气正在变冷，气候变暖只是中国等发展中国家意图拒绝为全球气候变化买单而杜撰出来的昂贵骗局"。特朗普一时冲动的"退群"行为，使得美国再次成为世界瞩目的焦点。

然而，美国要付出的代价也是巨大的，特朗普退出《巴黎协定》不仅将奥巴马时期辛辛苦苦积累的资本消耗殆尽，使得美国多年来为碳减排所做的努力付诸东流，更是拖慢了全球气候治理的进程，特别是对《巴黎协定》的普遍性构成严重伤害，产生了极大的负面影响。虽说这一行为对《巴黎协定》的法律效力构不成威胁，各国在对待全球气候问题合作上也并未因此受到冲击，但若长此以往，没有大国政治意愿的持续推动，很大可能会造成其他国家的心理不平衡，进而纷纷"退群"。

但值得庆幸的是，"其身不正，虽令不从"。美国国内很快便发出了另一种声音。2017年7月，纽约前市长迈克尔·布隆伯格与时任加州州长杰里·布朗以"我们还在（We Are Still In）"为口号发起倡导组织"美国承诺"（Americas Pledge）；同时，国会众议院议长佩洛西也率团出席了联合国气候大会，展开了与特朗普执政党之间的对弈。

在2020年的美国总统大选中，拜登不仅提出了"清洁能源革命和环境正义计划"的竞选纲领，支持气候危机特别委员会发布《解决气候危机：建设清洁、健康、韧性和公正的美国经济》，更是承诺在其当选后美国将会重新加入《巴黎协定》。

美国第46任总统拜登，在上任首日就推翻了特朗普的诸多"政治遗产"，宣布美国重返《巴黎协定》，并发布应对气候变化的全面行动，传达了美国重新回到世界舞台的决心，并将应对气候变化上升为国策，意图通过"气候新政"推动清洁能源革命，使美国在未来全球气候治理合作中重获领导地位。一切"去特朗普化"的拜登政府在2021年上任之初，就大刀阔斧地签署了一系列行政令，推出一揽子应对气候变化政策，摆出了"大干一场"的架势，明确提出"将气候危机置于美国外交政策与国家安全的中心"。2021年7月，拜登提出了"公平的清洁能源未来"愿景，计划2035年前将发电领域的碳排放完全清零，并提出"不晚于2050年"实现"净零排放"的目标。

通过美国历届政府对于全球气候变化政策态度的反复无常，我们就能预料到，在美国要想推行全国统一的碳市场难于登天。但也是由于其联邦制，每个州都有独立的法律、行政权和高度的自治权，区域层面推出碳市场还是具有很大的可行性。

美国区域温室气体减排倡议碳市场（Regional Greenhouse Gas Initiative，RGGI）的形成要从2003年美国纽约州前州长乔治·帕塔基（George Pataki）提出的区域碳污染减排计划（Regional Greenhouse Gas Emission Reduction Action）说起。

区域碳污染减排计划是美国第一个强制性的、基于市场手段的减少温室气体排放的区域性行动。这份计划面世的时候，布什政府还在因为"气候问题动了我的奶酪"而将《京都议定书》拒之门外，而美国一些州一级、市一级的地方政府则在对气候问题上持积极应对态度，包括纽约在内的几个州更是先行就如何通过碳排放总量控制与交易（Cap And Trade，CAT）机制来实行碳定价政策的问题展开了讨论。2005年11月，美国各大能源公司齐聚纽约，对"一旦布什离任，美国必将执行限制二氧化碳和其他温室气体排放量的规定"的假设进行了投票，最终有80%的人支持这一假设成立。同年12月，美国康涅狄格州、特拉华州以及缅因州等地联合成立了电力行业（装机

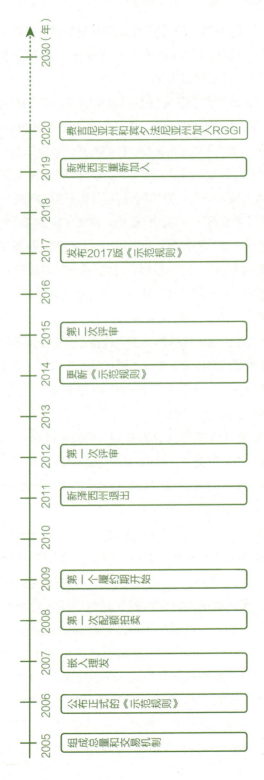

图3-3　美国区域温室气体减排倡议碳市场重大事件时间线

碳达峰碳中和：技术、市场与管理

容量大于或等于25MW且化石燃料占50%以上的发电企业）碳交易市场。

从2003年到2009年五年多的时间里，在部分能源行业代表、非政府组织和技术专家等多方力量的努力下，区域温室气体减排倡议碳市场（简称RGGI碳市场）正式启动，覆盖美国东北地区10个州（康涅狄格州、特拉华州、缅因州、新罕布什尔州、马萨诸塞州、纽约州、马里兰州、罗得岛州和佛蒙特州、新泽西州），后来的弗吉尼亚州和宾夕法尼亚州分别于2021年和2022年加入区域温室气体减排倡议碳市场。随着区域温室气体倡议（RGGI）中各个成员州通过关于2020年后碳市场运行的相关法规，从2021年起，12个成员州均将实行更加严格的年度总量减量因子和排放控制措施。

3.1.4　美国加州—魁北克碳市场

尽管在美国并未形成全国统一的碳排放权交易市场，但是并不影响美国各州建立区域碳市场以及与其他地区形成减排合作体。西部气候倡议（Western Climate Initiative，WCI）是由美国加州等西部7个州和加拿大中西部4个省于2007年2月签订成立的一份长期承诺，是旨在通过州、省之间的联合来推动气候变化政策的制定和实施，是支持采用市场机制来有效实现减排的区域性气候变化应对组织。

2008年9月，WCI明确提出要建立独立的区域性排放交易体系，目标是到2020年温室气体排放量比2005年降低15%，由此形成的WCI碳市场是后来北美较为成熟的碳交易体系之一，覆盖范围包括发电、工业和商业化石燃料燃烧、工业过程排放、运输天然气和柴油消耗以及住宅燃料使用所排放的二氧化碳（CO_2）、甲烷（CH_4）、氧化亚氮（N_2O）、氢氟烃（HFC）、全氟碳化物（PFC）、六氟化硫（SF_6）和三氟化氮（NF_3）。

2014年，WCI体系下的加利福尼亚和魁北克两个碳市场实现连接，为全球碳市场之间的国际合作做出了良好示范。到2020年，加州—魁北克碳市场覆盖的总排放量为3.89亿t，约占这一年加州与魁北克总排放量的80%，覆盖部门包括电力行业、制造业、交通和建筑领域。

加州—魁北克碳市场的运行可分为三个阶段：第一阶段（2013—2014年）的加州—魁北克碳市场中有90%以上的配额采用免费分配方式；第二阶段（2015—2017年）中，加州政府在2016年确定了其2030年较1990年温室气体减排40%的气候目标，加州碳市场制定了自2016年起每年以3%的速度下降的温室气体排放上限。魁北克碳市场则纳入了上游化石燃料分销商、供应商和首批电力供应商，并于2017年通过了2021—2030年期间《排放总量上限规划法规》。在这一阶段，加州—魁北克碳市场的配额分配机制开始改变，只有高泄露类企业可免费得到配额，中等泄漏类企业可免费得到75%的配额，低泄漏类企业可免费得到50%的配额；第三阶段（2018—2020年）中，加州—魁北克碳市场免费配额的比例进一步降低，高泄露类企业不变，中等泄漏类企业免费得到的配额比例下降到50%，低泄漏类企业下降到30%。其中加州碳市场于2018年1月与加拿大安大略省实现链接，但安大略省后来在2018年中期废除了"总量和交易机制"，切断了与加州和魁北克的连接。

其实，在北美洲实现碳市场连接的前几年里，欧盟碳市场就已经与多个国家在推进碳市场连接方面进行了有益探索。尽管各个碳市场发展运行情况以及连接形势均各有不同，但总体来看，不难得出一个结论——相似度越高的碳市场间进行连接的难度越低。比如2007年加入欧盟碳市场的挪威碳市场在设计之初就是按照欧盟碳市场的指令来进行的，2008年成立的瑞士碳市场则是在2013年参照欧盟规则修改了本国的碳市场规则，才于2020年与欧盟碳市场完成连接。北美洲这边的魁北克碳市场也是在2011年修订了《总量和交易机制法规》使其与WCI通过的规则保持一致，在碳市场关键设计要素与加州碳市场相似的情况下实现了双向连接。

3.2 国内碳市场

区域碳市场源于国家发展改革委员会2011年10月发布的《关于开展碳排放权交易试点工作的通知》。北京、天津、上海、重庆、湖北、广东和深圳七家区域碳市场于2013年陆续启动。2016年，福建和四川

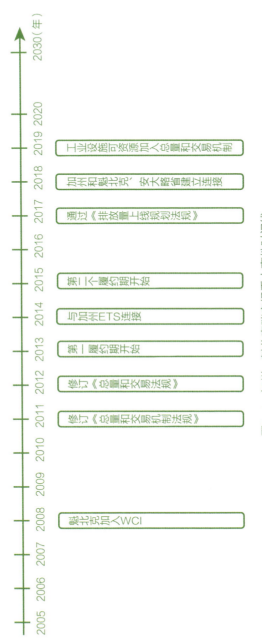

图3-4 加州—魁北克碳市场重大事件时间线

2005 2006 2007 2008 2009 2010 2011 2012 2013 2014 2015 2016 2017 2018 2019 2020 2030（年）

魁北克加入WCI

修订《总量和交易机制法规》

修订《总量和交易法规》

第一履约期开始

与加州ETS连接

第二个履约期开始

通过《排放量上线规划法规》

加州和魁北克、安大略省建立连接

工业设施可资源加入总量和交易机制

也启动建设本省的碳市场。我国碳交易市场试点区域范围跨越中国东、中、西部，各试点经济结构、资源禀赋各有不同，九地碳市场在十年多的发展完善过程中覆盖了电力、钢铁、水泥20多个行业近3000家重点排放单位，为全国碳市场的建设提供了多层次参照和丰富经验。

除北京和深圳两个碳市场以外，其他地方碳市场的管控对象主要以电力、钢铁、水泥、建材等传统高耗能、高排放行业为主，且传统高耗能、高排放行业管控对象的配额规模占据地方碳市场的绝大部分。

而按照全国碳市场的设计，地方碳市场纳入管控的传统高耗能、高排放行业也是全国碳市场的管控行业。目前，全国碳市场将电力行业纳入管控后，原先在地方碳市场纳入管控的电力企业已经进入全国碳市场，不再受地方碳市场的约束。因此，随着全国碳市场管控范围的不断扩大，地方碳市场管控的传统高耗能、高排放行业将脱离地方碳市场，进入全国碳市场，这将大幅降低地方碳市场的管控数量及配额规模。而管控数量，尤其是配额规模的大幅降低将对地方碳市场产生较大影响。

表3-1　区域试点碳市场纳入行业对比

地区	纳入碳市场管控的行业
北京	企业、事业、国家机关及其他单位为重点排放单位［纳入行业没有明确限制，年度排放量在5000t二氧化碳（含）以上均纳入］
上海	工业（钢铁、石化、化工、有色、电力、建材、纺织、造纸、橡胶、化纤），交通（航空、港口、水运），建筑（商业、宾馆、商务办公机场）
广东	水泥、钢铁、石化、造纸、民航、数据中心、纺织、陶瓷
深圳	能源行业（供电、供气行业）、供水行业、公交行业、地铁行业、港口码头行业、危险废物处理行业、大型公共建筑和制造业
湖北	钢铁、石化、水泥、化工、热力生产和供应、玻璃及其他建材、有色金属和其他金属制品、设备制造、汽车制造、陶瓷制造、医药、造纸等
天津	电力热力、钢铁、化工、油气开采、建材、造纸、航空
重庆	电解铝、铁合金、电石、烧碱、水泥、钢铁
福建	石化、化工、建材、钢铁、有色、造纸、电力、航空、陶瓷
四川	钢铁、水泥、造纸、白酒、建筑陶瓷、化工（仅合成氨）

资料来源：路孚特、公开资料整理

碳达峰碳中和：技术、市场与管理

表3-2 "四省五市"碳交易试点配额现货累计成交概览
（截至2020年12月）❶

地区	启动时间	成交总量（万t）	成交总额（亿元）	成交均价（元/t）
北京	2013年	1445	9	62
上海	2013年	1665	5	30
天津	2013年	824	2	22
广东	2013年	7287	15	21
深圳	2013年	2666	7	27
湖北	2014年	7205	16	22
重庆	2014年	866	0.5	6
福建	2016年	2750	7.82	20
四川	2016年	—	—	—

3.2.1 北京碳交易试点

北京碳交易试点纳入的控排企业最多，交易产品最为丰富，已经初步建立起具有较牢固基础的高水平碳市场，是表现较好的市场之一。

自2013年11月28日北京碳交易市场开市至今，纳入管理的重点碳排放单位达831家，覆盖了发电、热力、水泥、石化、交通业、其他工业和服务业以及事业单位等8个行业，覆盖排放比例达到40%。截至2021年底，北京试点碳市场各类产品累计成交量达9336.77万t，累计成交额30.03亿元。

相较于国内其他碳交易试点市场，北京碳市场的碳价较高、趋势性波动较小，市场参与主体活跃，成交量、成交额居于试点碳市场前列，碳配额年度成交均价始终稳定在40～70元/t之间，且整体呈现逐年上升趋势。这样的碳市场更能够为控排企业提供稳定的减排预期，有利于激励企业推进节能减排，更大化地发挥碳市场的作用。在"十三五"时期，北京碳强度下降了23%以上，超额完成了减排目标。"制度完善、

---

❶ 数据来源：北京、上海、天津、广东、深圳、湖北、重庆碳排放权交易所官网。

市场规范、交易活跃、监管严格"的北京碳交易市场为全国碳排放权交易市场的进一步完善提供了极具参考价值的运行经验，主要有以下几点：

（1）**碳市场的稳定运行离不开完备的制度保障。**北京是全国各试点省市中率先开展执法工作的碳市场试点地区。启动之始，由于国家尚未出台碳交易的法律法规，北京碳交易试点坚持立法先行，建立了"1+1+N"的法规政策体系，除了2013年12月发布的《关于北京市在严格控制碳排放总量前提下开展碳排放权交易试点工作的决定》以及2014年5月发布的《北京市碳排放权交易管理办法（试行）》，相关主管部门还制定出台了配额核定方法、核查机构管理办法、场外交易实施细则、公开市场操作管理办法、碳排放权抵销管理办法等配套政策与技术支撑文件，使得北京市碳排放权交易有法可依。

（2）**严格控排要求，覆盖控排主体范围不断扩大。**北京碳交易市场的行业控排门槛在2013—2015年期间是固定设施年排放总量二氧化碳1万t以上，2016年修改为固定设置和移动设置年排放总量二氧化碳5000t以上，覆盖的行业范围既包括电力、热力、水泥、石化等高能耗高碳排放的工业行业，也包括服务行业和高校、政府机关等公共机构和事业单位，控排企业主体从2013年的四百余家增加至2020年的八百多家，是九个区域性碳市场中覆盖主体最多的试点区域之一。随着碳交易覆盖的行业越来越广泛，北京碳市场的流动性和运行效率皆有所提升。

（3）**碳配额分配兼顾历史与对标先进，实现适度从紧、合理分配。**北京碳配额全部采用免费分配与不定期拍卖组合的方式。对既有排放设施，配额核算方法主要采用历史排放总量或历史排放强度法，部分基础条件较好的行业如火电和热电联产设施采用基准线法（标杆法）；水泥、石化和其他行业的配额核算方法则由历史法过渡到基准线法。对所有设施按年度设置0.90～1不等的控排系数收紧数值，确保配额总量下降。对新增设施采用行业先进值法计算，绝大部分新增设施获得的配额数量不足。北京碳交易市场通过以上方法的组合进行碳配额分配，实现了北京地区碳配额总量供应偏紧、需求较为旺盛的良好态势，有效地保证了碳价高位，强化了碳交易对企业节能减排工作的激励作用。

（4）**严格监管执法，碳市场调节机制灵活可控**。北京碳市场对监管执法以及市场调节机制等做了详细规定。其中，碳交易市场的监管执法由北京市节能监察大队负责，对未完成履约的控排主体根据其违规碳排放量，按照市场均价的3~5倍予以处罚。此外，主管部门还会在每年的履约日后通过媒体曝光未完成履约的企业，责令其限期整改。在市场调节机制上，北京市规定了碳市场的抵销机制比例上限不高于其当年核发碳排放权配额量的5%，并实行交易价格预警机制——当线上公开交易价格超过150元/t时，将触发碳排放配额的临时拍卖程序以调节价格；当线上公开交易价格低于20元/t时，北京市应对气候变化研究中心将对碳排放配额采取回购行为。

（5）**积极探索绿色金融产品创新，碳交易市场结构层次丰富**。近年来，北京在绿色金融产品创新领域不断探索，碳市场的产品种类越发丰富，截至2021年年底，北京碳市场上的碳交易种类包括BEA（配额）、CCER（国家核证自愿减排量）、FCER（林业碳汇）、PCER（绿色出行减排量），四种碳产品的成交额分别占2021年北京碳市场总成交额的34.44%、65.42%、0.01%、0.13%，形成了以碳排放配额和中国核证自愿减排量为基础、多种产品共存的区域性多样化碳排放权交易市场。此外，包括回购融资、置换等在内的多种交易结构也日趋成熟并被市场广泛接受，充分满足了各类碳交易参与主体的多样化需求。

2021年11月，《国务院关于支持北京城市副中心高质量发展的意见》提出，"推动北京绿色交易所在承担全国自愿减排等碳交易中心功能的基础上，升级为面向全球的国家级绿色交易所，建设绿色金融和可持续金融中心。"由此，北京绿色交易所正在推进包括开发建设登记系统和交易系统、搭建交易规则体系、筹备成立中国自愿减排联盟等在内的相关工作，还从绿色债券、绿色金融标准、气候投融资服务平台三方面推进绿色金融相关工作。

表3-3 2021年北京试点碳市场各类产品交易情况[1]

项目\成交量\月份	BEA（配额）			CCER（国家核证自愿减排量）			FCER（林业碳汇）			PCER（绿色出行减排量）		
	成交量（万t）	成交额（万元）	成交均价（元/t）	成交量（万t）	成交额（万元）	成交均价（元/t）	成交量（万t）	成交额（万元）	成交均价（元/t）	成交量（万t）	成交额（万元）	成交均价（元/t）
1月	4.44	186.88	42.11									
2月	1.41	54.30	38.51	3.63	3.63	1.00						
3月	16.69	781.02	46.80									
4月	12.15	506.57	41.69									
5月	14.75	695.47	47.15	3.00	21.35	7.12						
6月	14.31	774.02	54.09	0.70	20.76	29.66	0.20	11.44	57.20			
7月	39.86	1564.68	39.25	8.53	164.7	19.31						
8月	47.06	2186.31	46.46	63.93	1766.19	27.63						
9月	266.28	18029.84	67.71	6.68	56.21	8.41				0.95	47.33	49.82
10月	139.07	9993.75	71.86	7.20	284.01	39.45				1.5	75	50.00
11月	33.26	1426.67	42.89	414.5	13954.00	33.66						
12月	5.90	277.36	47.01	1,427.19	53009.41	37.14				0.21	10.21	48.62
总计	595.18	36476.87	61.29	1935.36	69280.26	35.80	0.20	11.44	57.20	2.66	132.54	49.83

① 数据来源：成交量、成交额数据来自北京市碳排放权电子交易平台，成交均价据前两项数据计算得出。

碳达峰碳中和：技术、市场与管理

3.2.2 上海碳交易试点

上海是全国最早启动碳交易试点的地区之一，于2013年11月启动上海碳市场，到现在已经稳定运行了9年多，已初步形成了较为完整的碳排放权交易制度和体系，同湖北武汉分别牵头承担起了全国碳排放权交易市场的交易系统和注册登记系统的建设运维重任。随着我国碳排放权交易从地方试点逐步向全国统一市场推进，上海碳排放权交易试点的制度体系建设以及运行经验对全国碳市场的建设完善极具参考价值。

表3-4　2021年上海试点碳市场各类产品交易情况[1]

项目 月份	SHEA			CCER		
	成交量 （万t）	成交额 （万元）	成交均价 （元/t）	成交量 （t）	成交额 （元）	成交均价 （元/t）
1月	14.13	575.87	40.74	5.00	190.00	38.00
2月	2.03	83.80	41.28	—	—	—
3月	3.26	135.20	41.52	—	—	—
4月	1.15	47.73	41.45	200.00	6500.00	32.50
5月	5.38	214.45	39.85	250.00	9500.00	38.00
6月	18.29	724.76	39.63	—	—	—
7月	1.25	49.43	39.61	—	—	—
8月	8.30	335.37	40.38	—	—	—
9月	43.06	1726.49	40.09	—	—	—
10月	0.32	12.80	39.93	—	—	—
11月	16.28	659.32	40.49	—	—	—
12月	13.97	568.04	40.67	200.00	6930.00	34.65
总计	127.43	5133.26	40.28	655.00	23120.00	35.30

（1）碳市场建设始终保持制度先行。上海碳市场在正式启动前，已构建了由《上海市碳排放管理试行办法》（2013年5月发布）以及《上

---

[1]　数据来源：成交量、成交额数据来自上海环境能源交易所，成交均价根据前两项数据计算得出。

海市人民政府关于本市开展碳排放权交易试点工作的实施意见》（2013年7月发布）组成的法律制度框架，形成了一套以市政府、主管部门和交易所为3个制定层级的管理制度。自启动运行至今的九年多时间里，上海碳交易的各类管理制度及技术方法经过充分研究后陆续出台。其中，市级碳交易主管部门制定出台的《配额分配方案》《企业碳排放核算方法》及《核查工作规则》等文件，明确了碳交易市场中配额分配、碳排放核算、第三方核查等制度的具体技术方法和执行规则；上海环境能源交易所制定发布《上海环境能源交易所碳排放交易规则》和会员管理、风险防范、信息发布等配套细则，明确了交易开展的具体规则和要求。不断完善的制度规范指导了上海碳交易各项工作的开展，确保上海碳市场的运行"有法可依、有矩可循"。

（2）**纳入控排主体范围不断扩大。**上海碳交易市场在启动初期，共纳入了钢铁、电力、化工、航空等16个工业及非工业行业的191家企业。2016年以后，考虑进一步加强碳排放管理力度，纳管行业及企业逐步扩大，目前，已纳入上海年排放2万t以上的所有工业企业，航空、港口、水运等高排放非工业企业及机场、商场、宾馆、商务办公建筑和铁路站点等建筑。

（3）**配额分配尽可能兼顾科学、公平和可操作性。**上海结合碳市场不同阶段的数据基础和管理能力，不断优化配额分配方案，从基于行业或企业历史排放量的历史排放法起步，逐步向基于效率的历史强度法和基准线法过渡，使配额分配方法尽可能兼顾科学、公平和可操作性，逐步形成较为公平且符合上海实际的配额分配方法。目前，上海碳市场的控排企业中除部分严格控制的高排放单位和产品结构非常复杂的单位仍采用历史排放法外，均采用了基于企业排放效率及当年度实际业务量确定的历史强度法或基准线法开展分配。上海碳市场碳配额的发放方法上则由全部免费转向免费分配与不定期拍卖结合的有偿分配。

（4）**严格监管督查，强化碳交易服务支撑。**上海碳市场形成了由政府部门、交易所、核查机构、执法机构等组成的多层次监管架构，对控排企业的监测报告核查注重方法科学合理、管理严格规范，逐步形成了一套较为科学、具有可操作性的核算方法和核查制度。在重视科学合理的技术方法方面，上海率先制定出台了企业温室气体排放核算与报告

碳达峰碳中和：技术、市场与管理

指南及钢铁、电力、航空等9个行业的碳排放核算方法，明确了核算边界、核算方法以及年度监测和报告要求；在严格核查机构管理能力方面，上海出台了《核查机构管理办法》《核查工作管理规则》等一系列的核查管理制度，并对核查人员进行持证管理和持续性的专业技能培训。此外，上海还委托专门机构对核查报告进行复核，通过第四方复查机制进一步保障数据准确有效。

（5）**坚持市场化走向，采取完全公开透明的市场化方式运作。**上海碳交易市场的建设吸纳了上海各类金融市场的建设运行经验，制定了"1+6"的交易规则和细则体系，在市场运行和市场管理上遵循政府尽量不干涉的原则，交易价格通过市场形成，不实行固定价格或最高、最低限价，但有涨跌幅限制，市场规则完整清晰，交易行情公开透明，通过行情客户端向全市场公开。上海碳市场的交易产品包括上海碳排放配额（SHEA）和国家核证自愿减排量（CCER）；交易模式上采取公开竞价或协议转让的方式开展，且所有交易必须入场交易，不设场外交易；交易资金由第三方银行存管，结算由交易所统一组织。

3.2.3　天津碳交易试点

天津作为中国首批七个碳排放权交易试点省市之一，自2013年启动碳排放权交易，在政策措施、市场运行、监督管理等方面开展了一系列探索，建立了规范有序的碳排放权交易市场，碳市场活力稳步提升，发展势头强劲，碳排放履约率连续6年达到100%。2021年，天津碳市场的成交量为5074万t，位居全国第二。

天津碳交易市场以可持续发展为目标，从建立至今，已初具规模。相较于其他国内碳交易试点，天津碳市场的碳价较低、趋势性波动较大。但在近两年里，天津碳市场碳价的波动幅度较之前几年有所下降，控排企业减排积极性不断提升，重点行业碳排放强度和总量大幅降低，为全国碳市场的建设贡献了天津经验。天津碳市场的建设运行经验主要可以分为以下几点：

（1）碳市场交易体系和管理制度规范。在启动之初，天津碳市场以天津市办公厅颁布的《天津市碳排放权交易管理办法》作为碳排放管理和交易工作的纲领性文件，建立了配额管理、监测报告核查和交易管

表3-5 2021年天津试点碳市场交易情况[1]

项目 成交量 月份	TJEA（配额）						CCER（国家核证自愿减排量）					
	成交量（万t）		成交额（万元）		成交均价（元/t）		成交量（万t）		成交额（万元）		成交均价（元/t）	
	线上交易	协议交易	线上交易	协议交易	线上交易	协议交易	线上交易	协议交易	线上交易	协议交易	线上交易	协议交易
1月	18.45	—	476.43	—	25.83	—	84.79	0.00	—	—	—	—
2月	40.16	6.41	1050.29	166.53	26.15	26.00	76.82	18.81	—	—	—	—
3月	33.19	—	740.61	—	22.32	—	90.77	63.72	—	—	—	—
4月	9.93	—	266.97	—	26.89	—	351.20	64.00	—	—	—	—
5月	10.83	—	312.57	—	28.87	—	104.00	23.59	—	—	—	—
6月	266.91	194.64	8701.51	6018.52	32.60	30.92	257.74	45.30	—	—	—	—
7月	—	—	—	—	—	—	171.77	9.40	—	—	—	—
8月	5.21	—	150.03	—	28.78	—	71.98	14.53	—	—	—	—
9月	—	—	—	—	—	—	408.66	5.00	—	—	—	—
10月	0.41	—	10.82	—	26.72	—	659.42	60.00	—	—	—	—
11月	0.10	—	2.80	—	28.00	—	707.53	7.99	—	—	—	—
12月	—	—	—	—	—	—	436.77	478.11	—	—	—	—
总计	385.18	201.05	11712.03	6185.05	30.41	30.76	3421.44	790.45	—	—	—	—

❶ 数据来源：原始数据来自天津排放权交易所官网，表中数据由笔者根据原始数据整理计算所得。

理的相关制度，开发建设了注册登记系统、交易系统等支撑系统，并在此后八年多的运行时间里，不断完善碳交易体系和管理制度。2021年9月，天津市十七届人大常委会第二十九次会议审议通过了《天津市碳达峰碳中和促进条例》，该条例和《天津市碳排放权交易管理办法》将共同推动天津碳市场健全报告核查、配额分配和交易管理等相关制度，进一步完善注册登记和交易等支撑系统。

（2）覆盖控排主体范围不断扩大。天津是我国华北地区的主要重化工基地，碳交易市场覆盖的主要行业有电力、热力、钢铁、化工、石化以及油气开采五大行业，后来几经扩展，到2022年4月，天津碳市场覆盖了15个行业，共160家企业。2022年，天津碳排放权交易试点计划进一步扩展纳入企业范围，将电力、钢铁、化工等碳排放量超过2万t/年的工业企业全部纳入配额管理。

（3）碳配额市场运作模式兼顾历史与对标行业先进。天津碳配额采用免费分配与不定期拍卖组合的方式，由天津市发改委组织相关的专业机构对纳入行业和企业的历史排放进行摸底，然后根据碳排放总量控制目标，综合考虑历史排放、行业技术特点、减排潜力和未来发展规划等因素确定配额总量，对企业进行免费的配额分配。企业根据当年排放情况以及得到的碳配额确定在碳市场中需要购买或出售的配额，并在对应履约周期结束节点前完成履约目标。其中，纳入企业未注销的配额可结转至下年度继续使用，有效期根据相关规定确定。天津碳市场的抵销机制比例上限不高于其当年核发碳排放权配额量的10%。

（4）严格监管执法，碳市场调节机制灵活可控。天津市碳市场对碳交易的监管与激励以及参与主体的法律责任等做了详细规定，对未按规定完成履约任务的控排主体实行"责令限期改正"的惩罚机制，规定其在3年内不得享受激励政策；对违规操纵交易价格、扰乱市场秩序的交易主体，出具虚假核查报告、违反有关规定使用或发布纳入企业商业秘密的第三方核查机构，对违反法律、法规、规章及《天津市碳排放权交易管理办法》规定的交易机构及人员，由市发改责令限期改正，若构成犯罪的则依法承担刑事责任；有失职、渎职或其他违法行为的相关行政管理部门工作人员，则依照国家有关规定给予处分。此外，天津市的碳排放权交易市场价格调控机制由天津市市发改委负责，在交易价格出现大幅波动时，天津市发改委可启动调控机制，通过向市场投放或回购配额等方式，稳定交易价格，维护市场正常运行。

3.2.4　广东碳交易试点

2013年12月启动运行的广东碳市场纳入电力、水泥、钢铁、石化、造纸以及民航等多个行业，共覆盖企业245家，覆盖排放比例达70%，是全国规模最大的碳市场之一。2021年广东碳市场碳配额成交量居于试点碳市场首位，全年成交2750.58万t碳配额，是全国区域性试点市场中唯一一个碳配额成交数量突破1500万t的碳市场。

表3-6　2021年广东试点碳市场交易情况❶

交易月份	品种	成交数量（万t）	成交金额（万元）	成交均价（元/t）
1月	GDEA	95.01	2524.25	26.57
2月	GDEA	68.25	2280.67	33.42
3月	GDEA	190.44	5817.08	30.54
4月	GDEA	226.80	7481.22	32.99
5月	GDEA	707.73	25770.84	36.41
6月	GDEA	434.44	17305.71	39.83
7月	GDEA	645.47	27275.03	42.26
8月	GDEA	99.96	3778.87	37.80
9月	GDEA	16.70	688.88	41.25
10月	GDEA	9.51	413.49	43.47
11月	GDEA	65.51	2922.48	44.61
12月	GDEA	190.76	8612.70	45.15
总计	GDEA	2750.58	104871.20	38.13

作为全国首批七个碳交易试点之一，广东碳市场率先实行配额有偿和免费发放相结合、首创低碳发展红利惠及公众的碳普惠机制、试水创新

---

❶ 数据来源：原始数据来自广州碳排放权交易所官网，表中数据由笔者根据原始数据整理计算所得。

碳金融领域，早早地闯出了一条独特的高度市场化的发展道路，是法规体系健全完善、监管真实有效、市场主体参与度高的区域碳排放权交易市场，也是中国碳市场发展的先行者。其探索经验和亮点主要有以下几点：

（1）**控排主体范围不断扩大，成交量稳居全国首位。** 广东碳市场最早覆盖的控排主体是来自电力、水泥、钢铁、石化等4大行业中年排放量2万t以上的企业。2016年12月，广东碳市场又纳入了造纸和民航两大行业，覆盖排放量占广东省全社会排放量的70%以上。广东碳市场的碳交易量和交易金额连续多年位居全国第一，截至2022年3月31日，累计成交碳排放配额2.03亿t，成交金额总计达47.93亿元，占全国试点碳市场的1/3以上。接下来，广东碳市场还将纳入数据中心、建筑、交通、陶瓷、纺织等5个新行业。

（2）**率先尝试配额竞价机制，提升碳交易活跃度。** 作为全国首个引入配额有偿分配机制的碳交易试点，广东碳市场在开市当月就完成了广东首次配额有偿发放竞价活动，直接跳过了100%免费发放配额的过渡期，率先机制化通过竞价形式发放有偿碳配额。其中，电力企业免费比例为95%，钢铁、石化、水泥企业的免费比例为97%。在过去的8个履约期中，广东碳市场坚持实行免费分配和有偿分配相结合的配额分配方法，控排企业的年度配额由省发改委根据行业基准水平、减排潜力以及企业历史排放水平，采用基准线法、历史排放法等方法来确定。

（3）**严格监管执法，碳市场调节机制灵活可控。** 广东碳市场的相关法律制度框架由2014年1月颁布的《广东省碳排放管理试行办法》作为全省碳排放管理和交易工作的纲领性文件。该办法明确规定了由省发展改革部门责令未完成履约任务的控排主体履行清缴义务；对拒不履行清缴义务的控排主体，惩罚其在下一年度配额中扣除未足额清缴部分2倍配额，并处5万元罚款。在市场调节方面，广东碳市场采取了"控制与预留"方式进行配额总量管理，即在对控排企业的碳排放量进行约束的同时，预留一定比例的配额由政府掌控，以平抑市场波动，消纳外部经济影响对碳交易机制带来的冲击。

（4）**"进阶"推动绿色金融交易创新和碳交易市场多样化发展。** 在广东碳市场覆盖排放比例高达70%、碳排放配额总量巨大的碳交易背景下，广东地区的控排企业对碳资产管理有着巨大需求。为此，广东碳市场陆续推出了碳排放权抵押融资、配额回购、配额托管、远期交易等创新型绿色金融业务，为企业提供灵活多样的碳资产管理方案。早在2014年，广州碳排放权交易所就推出了首单碳排放配额的抵质押融资。截至2022年6月初，广东各类碳金融交易业务累计交易量约为5258万t。其中，配额抵押融资515万t，配额回购融资1752万t，配额远期交易1082万t，配额托管1871万t，碳金融业务规模位居全国前列❶。2020年5月，中国人民银行等四部委联合发布的《关于金融支持粤港澳大湾区建设的意见》明确提出，"充分发挥广州碳排放权交易所的平台功能，搭建粤港澳大湾区环境权益交易与金融服务平台。"

（5）**创新建立碳普惠制自愿减排体系，激励全社会节能减排。**碳普惠制自愿减排体系是广东省首创的公众低碳激励机制，纳入碳普惠制试点地区的相关企业或个人，可以通过自愿参与实施的减少温室气体排放（如节水、节电、公交出行等）和增加绿色碳汇等低碳行为产生的减排量接入碳交易市场。2017年，广东省发布《关于碳普惠制核证减排量管理的暂行办法》，正式将碳普惠制核证减排量（PHCER）纳入广东碳排放权交易市场补充机制，控排企业在履约时可使用PHCER与CCER抵销不超过10%的年度排放量。近年来，广东省不断扩大碳普惠对重点生态功能区的生态补偿政策实施范围，为粤东粤西粤北地区开展护林、巡林等生态保护提供激励和补偿，在促进区域协调发展和"将绿水青山转化为金山银山"等领域展开了积极探索。目前，碳普惠制度已经由广东走向全国，为全国碳市场的发展创新开拓出更多可能。

3.2.5　深圳碳交易试点

在国内率先启动碳交易的深圳碳市场自2013年6月18日开市以来，连续7年配额的流转率居全国第一，交易量居全国第三，交易额全国第四，也是国内率先突破1亿元和10亿元交易大关的交易平台，其建设运行经验值得国家碳市场和碳交易试点借鉴，主要有以下几点：

（1）**在构建碳排放权交易法律制度框架方面走在全国前列。**2012年10月通过的《深圳经济特区碳排放管理若干规定》和2014年3月颁布

---

❶ *数据来源：广州碳排放权交易所官网。*

的《深圳市碳排放权交易管理暂行办法》组成了深圳碳交易市场早期的法律制度框架，率先形成国内最完整的碳交易法律制度。其中，《深圳经济特区碳排放管理若干规定》是我国首部碳交易地方性法规。2021年6月10日，深圳市司法局发布了《深圳市碳排放权交易管理暂行办法》（征求意见稿）（简称"《暂行办法》"），提出拟设立碳排放交易基金，对政府配额有偿分配的收入进行管理等新措施。在全国碳排放权交易市场即将上线之际修订的《暂行办法》，是深圳配合全国碳排放权交易市场建设的积极之举，将为深化深圳碳市场与全国碳市场的接轨与发展发挥积极作用。

（2）**碳市场配额分配及调节机制灵活可控。**深圳碳市场采用免费与拍卖结合的配额分配方法，其中拍卖比例不低于3%。在需求端，深圳采纳了可调控的总量设定机制，配额总量在预分配后需根据企业的实际经济水平进行调整，以规避经济波动带来的影响；在供应端，碳交易主管部门可以通过多种方式调控市场上的配额供应，包括用于平抑价格的配额储备、回购过剩的配额供给、逐年增加拍卖配额的比例等。

（3）**率先引进境外投资者。**2014年8月8日，国家外汇管理局发出《关于境外投资者参与深圳碳排放权交易有关外汇业务的批复》，同意深圳外汇管理局为排放权交易所及境内外投资者办理跨境碳排放权交易的相关外汇业务。深圳碳市场正式成为全国首家向境外投资者开放的碳市场。境外投资者直接参与碳交易，将有利于利用境外资金促进深圳碳市场的流动性，提升深圳碳市场的交易规模和活跃度。

（4）**强化开拓创新，持续提升碳市场活力。**自2013年启动碳市场以来，深圳排放权交易所持续开展碳金融创新，创下多项全国第一。比如，2014年5月，深圳排放权交易所与中广核风力发电有限公司、上海浦东发展银行股份有限公司（简称浦发银行）及国家开发银行合作成功发行的国内首单"碳债券"，是国内首个金融与绿色低碳结合的"绿色债券"，被称为"我国碳金融市场的破冰之举"；2014年11月，支持成立首个私募"碳基金"；2014年12月，支持推出首个"绿色结构性存款"产品，推出国内首个配额托管模式；2015年，完成首个纯配额"碳质押"业务；2017年支持达成国内首笔碳配额互换交易；2018年完成国内家具行业碳资产质押融资贷款业务。此外，深圳碳市场还将加快推出创新碳普惠交易品种，以"低碳权益，普惠大众"为核心，建立以碳市场推动公众践行低碳行为的碳普惠机制，为全国碳市场的建设完善提供先行示范。

3.2.6 湖北碳交易试点

从全国9个区域性碳市场的交易情况来看，湖北省和广东省碳交易中心的市场规模要远超于其他地区。湖北碳交易市场试点的启动时间虽然略晚于广东碳市场，但其在碳交易体系建设、配额分配、排放核查、系统运维、生态扶贫等方面积累的丰富经验并不逊色于广东碳市场。自2014年开市运行以来，湖北省建立了成熟的碳市场体系，累计交易量、成交总额以及总开户数、市场参与人数、日均交易量、市场履约率等指标均位居全国前列。在2017年国家组织的权威评审中，湖北碳市

表3-7　2021年湖北试点碳市场交易情况❶

交易月份	品种	最高价（元/t）	最低价格（元/t）	成交数量（万t）	成交额（万元）	成交均价（元/t）
1月	HBEA	31.66	26.56	18.58	497.53	26.77
2月	HBEA	38.39	26.87	3.54	106.78	30.14
3月	HBEA	37.88	27.1	1.65	48.31	29.21
4月	HBEA	33.96	26.09	2.30	66.89	29.07
5月	HBEA	33.99	27.01	9.51	287.53	30.23
6月	HBEA	35.3	27.21	40.71	1328.52	32.64
7月	HBEA	46.46	29.23	24.27	920.19	37.91
8月	HBEA	48.65	38.51	13.79	587.73	42.61
9月	HBEA	44.54	36.11	11.18	446.14	39.89
10月	HBEA	44.98	38.1	12.61	517.44	41.02
11月	HBEA	—	—	—	—	—
12月	HBEA	40.19	34.5	23.32	876.79	37.60
总计	HBEA	48.65	26.09	161.48	5683.86	35.20

❶ 数据来源：来自湖北碳排放权交易中心官网，成交均价由笔者根据原始数据整理计算所得。

碳达峰碳中和：技术、市场与管理

场的注册登记系统、交易系统均排名第一，为后续承担牵头建设全国碳市场注册登记系统的重要使命奠定了坚实基础。

湖北省产业结构偏重，资源约束较紧，结构性矛盾突出，湖北碳市场的发展离不开省委、省政府的审时度势、提早谋划以及高度重视。早在2007年，湖北就成立了节能减排（应对气候变化）工作领导小组，并于2010年提出"将武汉打造成为全国碳金融中心"。2011年，国务院印发《"十二五"控制温室气体排放工作方案》，提出"探索建立碳排放权交易市场"，湖北省与北京、上海等6个省市一起被列入国家首批碳排放权交易试点。开市近9年来，湖北碳市场建立了包括数据核查、配额发放、交易规则等在内的成熟市场体系，积极开展碳资产托管、碳质押贷款、碳现货远期产品、碳众筹及碳保险等绿色金融创新，形成了"碳汇+"交易体系等灵活交易机制，为全国碳市场的建设完善提供了"湖北样本"。总的来看，湖北碳市场的发展运行特点主要有以下几点。

（1）**成熟的碳交易政策体系提供制度保障**。为确保试点工作规范高效运行，湖北碳交易市场建立了一系列规章制度，包括《湖北省碳排放权管理和交易暂行办法》、配额分配和核查体系的相关制度等。其中，《湖北省碳排放权管理和交易暂行办法》明确提出了对控排企业的激励和约束条例以及法律责任，并建立了碳排放黑名单制度——主管部门将未履行配额缴还义务的企业纳入本省相关信用记录，通过政府网站及新闻媒体向社会公布。

（2）**碳市场覆盖范围逐步扩大**。湖北碳交易市场覆盖的行业全部为工业，包括电力、热力、有色金属、钢铁、化工、水泥、石化、汽车制造、玻璃、化纤、造纸、医药、食品饮料等行业。在试点市场运行的过程中，湖北碳市场纳入控排企业的门槛不断降低，覆盖的控排主体范围持续扩大。2015年，湖北碳市场的控排门槛设定为综合能耗6万t标准煤及以上的工业企业；2016年，湖北碳市场对石化、化工、建材、钢铁、有色、造纸和电力七大行业设置的控排门槛为2013—2015年间任意年综合能耗1万t标准煤及以上的企业，其他行业为2013—2015年间任意一年综合能耗6万t标准煤及以上的工业企业。在中国碳排放权登记结算（武汉）有限责任公司（简称中碳登）落地武汉以后，湖北地区还将充分抓住历史机遇，持续扩大碳市场的覆盖面和政策影响力，以碳交易作为落实国家"双碳"目标的有力抓手。

（3）**市场调节机制灵活有弹性。**作为全国最活跃的碳市场之一，湖北碳交易试点采取的配额分配方法是碳配额免费分配机制，在碳市场运行过程中，除了企业和机构投资者，还吸纳了大量个人投资者进场，为此，湖北碳市场采取的市场调节机制包括配额管理机制和价格涨跌幅限制。其中，配额管理机制是指配额分类管理及自动注销、企业配额事后调节、配额投放和回购等调节配额供给的机制，以使配额供给更具弹性；价格涨跌幅限制则指的是日常交易实行日议价区间限制，议价幅度不得超过前一交易日收盘价的±10%。

（4）**积极创新碳交易形式和产品。**湖北碳市场在碳金融创新方面不断实现重大突破，先后推出了碳资产质押贷款、碳众筹项目、配额托管、引入境外投资、建立低碳产业基金等创新举措，并产生了一定的社会效益。在碳交易形式和产品的创新上，湖北省是国内区域性碳市场中的佼佼者。2015年，湖北碳排放权交易中心发布国内首个基于中国核证自愿减排量（CCER）的碳众筹项目——红安县农村户用沼气项目CCER开发；2016年，湖北碳排放权交易中心与平安财产保险湖北分公司签署"碳保险"开发战略合作协议，最终确定了国内首个碳保险产品设计方案；同年，湖北省还率先推出了国内首个碳排放权现货远期交易产品，对现货碳市场进行了有益补充。

（5）**利用地区优势建立"精准扶贫"机制。**相比北京、上海、深圳等城市，湖北在经济增长、产业结构和能源结构方面与全国平均水平最为接近，且湖北省内区域之间也各有差异，经济发展存在着明显的两极分化现象。针对湖北省在"十三五"期间提出的"精准扶贫、提高效益"，湖北碳排放权交易中心开发了"农林类减排量"（CCER）产品，并针对鄂东、鄂西北等不发达地区签订了一大批CCER项目，构建了"政府引导、机构参与、农民受益"的运行机制。比如，2015年在湖北咸宁市通山县落地的林业碳汇是全国首个竹林碳汇项目，农户可以通过种植毛竹吸收二氧化碳，将竹林吸收的减排指标卖给重化工、电力等碳排放大户，在卖竹子获取收益的同时得到一笔额外收入。该项目对全国绿化项目的开展起到了很好的标杆作用。同时，湖北省还实施了农村户用沼气低碳扶贫项目，形成了"工业补偿农业、城市补偿农村、排碳补偿固碳"的生态补偿机制，为国家生态补偿机制的形成和生态文明建设提供了重要参考。

3.2.7 重庆碳交易试点

重庆碳交易市场是我国西部唯一的一家碳交易试点市场。自2014年6月启动以来，建设和运行碳排放权交易市场一直都是重庆以市场化方式引导企业开展节能减排的重要举措。重庆碳市场在运行初期以工业企业为控排范围，纳入了电力、电解铝、铁合金、电石、烧碱、水泥、钢铁等行业，将2008—2012年间任一年度排放量达到2万t二氧化碳当量的工业企业设为控排门槛。随着部分重点排放单位"关停并转"退出和转入全国碳市场，目前纳入重庆地方碳市场的重点排放单位共153家，覆盖排放比例为62%。❶

表3-8　2021年重庆试点碳市场交易情况❷

交易月份	成交数量（万t）	成交均价（元/t）
1月	0.77	25.46
2月	0.06	22.08
3月	9.66	23.50
4月	12.03	24.59
5月	8.69	24.57
6月	7.09	30.34
7月	2.86	33.70
8月	1.72	33.43
9月	39.65	35.72
10月	18.12	36.47
11月	5.20	33.75
12月	9.20	35.64
总计	115.06	32.22

❶ 数据来源：华宝证券。

❷ 数据来源：原始数据来自重庆碳排放权交易中心官网，表中数据由笔者根据原始数据整理计算所得。

作为老工业基地，重庆独特的产业结构特点、经济亟需增速提质的客观情况以及低碳转型的发展要求，使得重庆碳交易市场的运行机制不同于其他区域碳市场，为全国碳市场的建设完善提供了特别的参考价值：

（1）**碳交易政策体系不断完善**。2014年6月重庆市政府颁布的《重庆市碳排放权交易管理暂行办法》，为重庆市碳排放交易试点机制制定了政策框架，明确界定了碳市场交易主体、配额分配与管理、碳排放核算、报告和核查、碳排放权交易、监管与处罚等碳交易市场要素。目前，重庆市碳排放权交易已形成了由管理办法，以及配额管理、核查、交易3个细则等构成的"1+3+N"制度体系，同时重庆市政府还在加快构建重庆市碳达峰碳中和领域"1+2+6+N"政策体系，通过进一步完善碳市场运行的配套制度，充分发挥碳交易市场对碳中和的支撑和引导作用。

（2）**碳配额分配采用免费分配和历史法**。重庆市是唯一对配额管理实行总量减排的试点地区，以控排行业和企业的历史碳排放峰值为基准，设计出碳排放逐年下降的总量减排模式，使企业在执行自身的减排计划时更具主动性。还有一点值得注意的是，重庆碳市场采取了企业自主申报、主管部门审定、根据配额总量上限调整、最后分配到控排企业在注册登记系统中的账户方式进行配额分配的方式，在一定程度上平衡了不同企业在竞争中的优劣，提高了配额分配结果的公平性。

（3）**严格监督管理，碳市场调节机制灵活可控**。重庆碳市场采取"双随机、一公开"的方式来监督检查排放单位温室气体排放和碳排放配额清缴情况，相关信息由市生态环境主管部门定期公开。对于未按照规定履行温室气体排放报告、接受核查和碳排放配额清缴等义务的控排企业，由市生态环境主管部门和区县（自治县）生态环境主管部门责令限期改正，若逾期未改正，对其采取三年以内不得享受节能环保及应对气候变化等方面的财政补助资金、不得参与各级政府及有关部门组织的节能环保及应对气候变化等方面的评先评优活动等惩罚机制，并将其纳入银行征信系统、社会信用体系及环境信用体系实施联合惩戒，对其下一年度免费发放的碳排放配额按10%的扣减比例进行扣减。目前，重庆已建立碳排放信用评价管理体系。将违约信息纳入企业环境信用评价体系和全国信用信息共享平台、银行征信系统进行管理。此外，重庆碳市场主要通过实行涨跌幅限制（涨跌幅比例为20%）来调节市场。

（4）**强化改革创新，积极探索绿色金融新业务**。作为地方碳市场试点，重庆碳市场在探索绿色金融创新业务的过程中进行了多次尝试，开展了碳质押贷款等金融业务，推进"碳汇+"生态产品价值实现试点建设，建成上线全国首个覆盖碳履约（面向企业）、碳中和（面向政府）、碳普惠（面向个人）的"碳惠通"生态产品价值实现平台，形成了可复制可推广的生态产品价值实现机制。目前，重庆市正在探索创新气候投融资工作，积极争取国家将其纳入气候投融资试点范围，联合金融机构创建绿色金融改革试验区，引导金融机构进一步支持气候友好型项目和低碳产业。

3.2.8 福建碳交易试点

相较于前面7个区域碳市场，福建碳市场起步最晚，但起点较高，运行之初就在碳市场的核心制度、运行规则、分配方法上全面对接全国碳市场总体思路，并结合福建实际积极创新，建立起了系统完善的制度体系，成为国内第八个试点区域碳市场。经过5年多的探索，福建碳市场的建设运行为国家碳市场建设提供了"福建经验"。

（1）**对接全国碳市场建设思路，健全碳交易制度**。2016年9月福建碳市场建立时，就初步构建了以《福建省碳排放权交易管理暂行办法》为核心，《福建省碳排放权交易市场建设实施方案》为总纲，7个配套管理细则为支撑的"1+1+7"政策体系。2020年，福建省根据我国应对气候变化工作的新形势、新要求，及时对有关政策制度进行修订，推动福建碳交易试点平稳健康运行。

（2）**覆盖控排主体范围广且具备福建特色**。福建碳市场覆盖行业范围较广，除了国家规定的石化、化工、建材、钢铁、有色、造纸、电力、航空八大行业外，福建省还针对当地陶瓷企业数量多、产能大的产业特点，在全国率先将陶瓷业纳入碳交易市场。截至2021年7月，福建省碳市场已纳入控排行业中年综合能源消费达1万t标准煤以上的企业269家，其中，陶瓷行业企业就有100多家。目前，福建省正探索将碳交易的控排门槛由年综合能源消费总量1万t标煤以上降至5000t以上的企业，碳市场参与主体将进一步扩大。

（3）配额分配兼顾历史与对标行业先进，市场调节机制灵活可控。福建碳市场主要采取了"免费分配+拍卖"的配额分配方法，其中电力、水泥、铝等行业使用标杆法，其他行业使用历史排放法。对于未完成履约任务的控排企业，接近一年内平均碳价的1～3倍缴纳罚款，不超三万元，同时在下一年度分配的配额中予以双倍扣除。在市场调节方面，福建政府预留10%的配额，适时进行市场干预（当碳价连续十个交易日累积涨幅超过一定比例，政府进行市场干预）。

（4）积极推进绿色金融改革创新实践，丰富碳交易市场结构层次。2020年10月，福建省人民政府办公厅发布了关于印发三明市、南平市省级绿色金融改革试验区工作方案的通知，同意三明市、南平市创建省级绿色金融改革试验区。如今，福建三明、南平两地已经创新推出多款绿色金融产品，以满足不同绿色主体需求。其中三明市还推出了包括碳排放权绿色信托计划、碳排放配额质押贷款、林业碳汇收益权质押贷款等在内的碳金融产品。2021年，福建省形成了3批次21项绿色金融创新案例，在全省复制推广，有力带动了全省绿色金融创新发展。

3.2.9　四川碳交易市场

不同于前面8个区域性试点碳市场，四川碳交易市场是全国非试点地区的第一个碳排放权交易市场，以国家核证自愿减排量（CCER）交易开市，没有进行区域内的配额分配与交易。

早在2008年3月，四川省就已经开始着手四川联合环境交易所的筹备工作，后因汶川地震而中止，直到2011年，四川联合环境交易所才宣布重启并正式成立。在这三年多时间里，北京和上海先后建立了碳排放权交易所，全国范围内的碳交易所如雨后春笋般出现，数量一度达到上百家。起步相对较晚的四川并未能入选全国首批碳排放权交易试点。到2012年，国家发改委发布《温室气体自愿减排交易管理暂行办法》，允许核准自愿减排量（CCER）进入国内碳配额交易市场，四川联合环境交易所抓住这个政策机遇，在2016年4月通过国家温室气体自愿减排交易机构备案，成为全国非试点地区第一家碳交易机构。同年12月16

日，四川碳市场在四川联合环境交易所开市，全国碳市场能力建设（成都）中心（以下简称"成都中心"）同步揭牌。

作为非试点地区唯一的CCER交易市场，四川碳市场的CCER累计成交量按可比口径居西部第一、全国前列。2021年，受"双碳"目标的提出和全国碳市场的启动等利好因素影响，自愿减排量交易市场的活力得到释放，四川碳市场CCER交易量较上一年同期增长483%。截至2021年7月，四川联合环境交易所累计完成CCER交易量1801万t，成交金额逾2亿元，按可比口径排全国第4位❶。

表3-9　2021年四川碳市场交易情况❷

交易月份	交易产品	当月成交量（万t）	累计成交量（万t）
1月	CCER	11.00	1628.86
2月	CCER	28.11	1656.98
3月	CCER	21.42	1678.39
4月	CCER	13.89	1692.28
5月	CCER	20.75	1713.03
6月	CCER	26.73	1739.76
7月	CCER	61.68	1801.44
8月	CCER	175.86	1977.30
9月	CCER	245.66	2222.95
10月	CCER	120.12	2376.26
11月	CCER	782.50	3194.38
12月	CCER	212.04	3406.42

从2016年启动运行至今，四川碳市场的建设发展情况可以总结为以下几个方面：

（1）**不断深化碳市场运行机制和系统建设**。四川联合环境交易所通过总结和借鉴首批七个地方碳排放权交易试点的运行经验，在2016年

---

❶ 数据来源：四川联合环境交易所，《四川碳市场运行报告（2021）》。

❷ 数据来源：原始数据来自四川联合环境交易所官网。

10月发布《碳排放权交易管理暂行办法》，构建了四川碳市场运行交易的基本制度体系，促进碳市场健康平稳运行。在交易系统建设上，四川联合环境交易所2016年开发推出的碳交易系统上线后运行状态平稳，并在2018年底完成升级，与"国家碳排放权和核证自愿减排量注册登记系统"及第三方银行实现互联互通。四川自主研发的企业温室气体排放云计算报告平台是全国第一个满足24个重点排放行业报送温室气体排放报告的系统。

（2）坚持开拓创新，持续优化碳市场配置。2019年12月，四川联合环境交易所正式上线了"绿蓉融"绿色金融综合服务平台。该平台具备绿色企业（项目）申报、融资信息对接、金融产品宣传、绿色识别认定、绿色金融服务、绿色技术交易、环境影响测算、环境风险监控、ESG评价等核心功能。2021年，四川联合环境交易所首次发布加载企业温室气体排放云计算系统3.0版的"绿蓉融"绿色金融综合服务平台环境影响测算工具系统，实现了面向企业、项目、主管部门的环境影响线上测算功能。截至2021年末，"绿蓉融"平台已成功入库首批150家绿色企业和55个绿色项目，大力推动了四川省绿色企业和项目库建设。此外，四川省在推进碳排放权交易市场建设的同时还启动了用能权交易市场，在"碳排放—用能权"双市场的配额优化及衔接机制上进行了深入研究和探索，为两类环境权益市场的深入推进和协同发展提供了重要参考经验。

（3）积极开展能力建设，为全国碳市场建设赋能。成都中心通过大力举办低碳活动、组织低碳培训、广泛开展国际合作等举措加强能力建设，汇集资源，开拓创新，为全国碳市场的建设完善奠定扎实基础。在培育推广全民绿色低碳发展理念方面，成都中心开展了一系列形式多样的线上、线下低碳活动，强化了气候变化和"双碳"知识的宣传普及力度。此外，成都中心还通过开展碳交易技能定制化培训和证书培训，帮助企业和个人提高碳管理意识和碳市场参与能力。四川联合环境交易所则会及时披露相关政策及交易数据，反复提示交易风险和组织开展能力建设活动，引导投资人理性参与碳市场。在广泛开展国际合作方面，早在《京都议定书》的清洁发展机制（CDM）下，四川就积极参与了国际碳市场交易。四川碳市场启动后，成都中心先后承办了中美气候圆桌会议美国低碳专家低碳城市行成都研讨会、"一带一路"应对气候变化研修班、中国—意大利循环经济与可持续发展论坛等重要会议，不遗余力地提升了四川碳市场以及整个中国碳市场的国际影响力。

（4）**全力倡导碳中和。**四川联合环境交易所立足四川、面向全国，积极开展各类碳中和社会活动，并自主研发上线了全国首个碳中和平台——"点点"碳中和平台。该平台搭载有会议、景区、商超、餐饮、酒店等发布场景，是支付宝目前唯一合作的碳中和平台。通过该平台，用户可以进行在线计算碳排放量、在线购买碳信用、查询碳中和排行榜等操作。2020年3月，成都市人民政府印发了《关于构建"碳惠天府"机制的实施意见》，在国内首创提出"公众碳减排积分奖励""项目碳减排量开发运营"的双路径"碳普惠"建设思路，推出成都市碳惠天府机制项目减排量（CDCER）交易产品，引导小微企业和公众践行绿色低碳行为并积极中和自身碳足迹。

第 2 篇
技术篇

本篇主要介绍碳达峰碳中和的本质内涵、"双碳"实现路径、企业/产品碳足迹的管理手段,能源、建筑、交通等关键领域的减排路径,企业的ESG披露要求以及未来技术发展趋势。

4 碳达峰碳中和实现路径

4.1 "双碳"战略中国在行动

2020年9月22日，国家主席习近平在第七十五届联合国大会一般性辩论上向全世界宣示："中国将提高国家自主贡献力度，采取更加有力的政策和措施，二氧化碳排放力争于2030年前达到峰值，努力争取2060年前实现碳中和。"2020年12月，习近平主席在气候雄心峰会上进一步提出了降低化石能源比重、提高森林蓄积量、提高风电和太阳能装机量等四项2030年自主贡献目标。"双碳"目标提出后，碳中和正式成为国家承诺，向世界展示了中国的减排责任与大国担当。

在"双碳"顶层目标带动下，党中央及国务院各部委先后出台了一系列以碳中和为导向的重点政策，推动各部门按照顶层指引开展自身特色减排工作，不断开展能源结构合理优化、传统产业绿色升级、资源利用效率提升、绿色低碳技术创新、服务贸易低碳转型等工作。

2020年12月，中央经济工作会议首度将"做好碳达峰碳中和工作"作为重点任务，标志着中央高度重视新阶段的生态文明建设工作。

2021年10月24日，《中共中央国务院关于完整准确全面贯彻新发展理念做好碳达峰碳中和工作的意见》发布，提出"实现碳达峰碳中和，是着力解决资源环境约束突出问题、实现中华民族永续发展的必然选择，是构建人类命运共同体的庄严承诺"。

2021年10月26日，国务院印发《2030年前碳达峰行动方案》，提出在"十四五"期间，产业结构和能源结构调整优化取得明显进展，重点行业能源利用效率大幅提升，"十五五"期间，产业结构调整取得重大进展，清洁低碳安全高效的能源体系初步建立。

4.2 碳达峰碳中和的本质内涵

从可持续发展理论和应对全球气候变化现实两个方面出发，可以准确认识碳达峰碳中和的本质内涵。

可持续发展理论有一个基本原则，即将人类经济活动导致的污染排放控制在地球生态系统的自净化能力范围内，才能保障人类赖以生存的生态系统及其功能的完好与结构的稳定。应对全球气候变化现实具有紧迫性，工业化以来人类经济活动导致的污染排放（温室效应以超量排放二氧化碳为典型）已经超过了生态系统的自净化能力，使人类生存环境受到严重影响，进而导致地球生态系统及其生态功能的功能性和稳定性承受巨大风险，生物多样性也遭到严重破坏。为了避免生态系统状况持续恶化而威胁到人类自身经济社会发展乃至人类的生存，人类活动对生态系统的影响必须尽快恢复到可持续发展原则所限定的范围之内。就二氧化碳排放而言，可持续发展目标就是实现碳中和水平，即人类经济活动导致的碳排放控制在生态系统对二氧化碳的吸纳能力范围内。

从超量排放二氧化碳到实现碳中和，意味着要经历两个阶段：首先是终止碳排放不断增加的态势使之达到一个峰值，这一过程就是达成碳达峰；而后，则要使碳排放从峰值逐步减少直至满足碳中和条件，这一过程就是达成碳中和。由此可见，无论是碳达峰还是碳中和，实质都是要求减少人类经济活动中的二氧化碳排放。要求人为减排的原因主要有两点：①生态系统的碳吸纳能力在中短时期内难以有效提高；②通过技术手段对碳排放进行末端治理，相对于碳排放规模而言所起作用极为有限。从"双碳"目标有效路径来看，可以从"持续降低二氧化碳排放、实施碳排放额度约束、实现碳效率提升"三个方面推进：

第一，持续降低二氧化碳排放。 碳减排是推进"双碳"目标最根本的核心。生态系统的碳吸纳能力在中短期内难以显著改变，因此，人类自身活动减少碳排放也是最切实有效的途径。在走向碳达峰过程中，工业化程度欠发达的区域、工业化程度有待完善的领域可适度增加碳排放，而工业化程度发达的区域、工业化程度已完善的领域均应首先推进碳减排，着力研究和实施减排条件下的经济发展模式。走向碳中和过程中，整体上必须持续推进碳减排直至达到"净零"排放。

第二，实施碳排放额度约束。 所谓碳排放额度，是由生态系统碳吸纳能力以及达成碳达峰碳中和时间目标所确定。只有碳排放额度的刚性约束，才能强制和引导各行业产业在经济活动过程中实质推进碳减排。各主体拥有的"碳排放额度"，是"倒逼"各主体选择碳减排行为的根本动力。

第三，实现碳效率提升。受"碳排放额度"的刚性约束，经济增长不能依靠劳动、资本、土地等要素的扩张来实现，只能通过技术进步促使"碳排放额度"使用效率的提升来实现。这也为低碳创新技术的发展提供了宝贵的机会，让经济与社会发展实现可持续性。

4.3　碳达峰碳中和实现路径

为实现2030年碳达峰，2060年前碳中和的"双碳"目标，中国开展了很多对碳达峰、碳中和实现路径的研究。《中共中央国务院关于完整准确全面贯彻新发展理念做好碳达峰碳中和工作的意见》和国务院发布的《2030年前碳达峰行动方案》都明确提出，实现碳达峰碳中和目标，要坚持"全国统筹、节约优先、双轮驱动、内外畅通、防范风险"方针。

4.3.1　碳达峰碳中和实现的七条路径

2022年3月，中国工程院发布《中国碳达峰碳中和战略及路径》。这份报告阐述了中国碳达峰碳中和的实现路径，也指出通过积极主动作为，我国二氧化碳排放有望于2027年左右实现达峰，峰值控制在122亿t CO_2 左右。整个报告的具体内容，主要包括八大战略、七条路径和三项建议。其中报告中提到的七条有关碳达峰碳中和路径的内容分别为：

（1）提升经济发展质量和效益，以产业结构优化升级为重要手段实现经济发展与碳排放脱钩。

（2）打造清洁低碳安全高效的能源体系是实现碳达峰碳中和的关键和基础。

（3）加快构建以新能源为主体的新型电力系统，安全稳妥实现电力行业净零排放。

（4）以电气化和深度脱碳技术为支撑，推动工业部门有序达峰和渐进中和。

（5）通过高比例电气化实现交通工具低碳转型，推动交通部门实现碳达峰碳中和。

（6）以突破绿色建筑关键技术为重点，实现建筑用电用热零碳排放。

（7）运筹帷幄做好实现碳中和"最后一公里"的碳移除托底技术保障。

我国碳达峰碳中和实现路径特别强调产业结构优化升级，特别是高能耗与高排放领域的转型升级以及结构优化，全面推动产业实现电气化，并研究行业内相关的脱碳技术；建立清洁低碳安全高效的能源体系，包括建立新型能源系统；研究和实现绿色建筑关键技术等。

4.3.2　碳达峰碳中和实现路径的三个端口

由于国内不同行业的碳排放总量、碳排放强度、能源结构、终端电气化水平这四个方面有许多差异，因此，碳达峰碳中和实现的时间和路径也有差异，但总体而言，实现"双碳"目标的路径主要从三个方面着手，即能源供给端、能源消费端和人为固碳端。

（1）能源供给端。能源供给端最主要的减排举措为"控煤推清"，清洁能源的高效高比例使用能帮助能源供应系统进一步升级优化。当前，化石能源的温室气体总排放达到全产业温室气体总排放数量的40%，这一高比例将促进行业对清洁能源使用的兴趣，加速清洁能源的推广，从而减少我国居民及工业生产生活对化石能源的依赖。目前，能源供给端可以选择的措施包括：①借助能源体制的升级以及适当的政策引导，推动新能源的基础建设工作，结合各地区实际情况开展能源升级工作；②推动可再生能源的开发使用，通过政策保障可再生能源每年的装机量及消费量；③提高电力资源的使用效率，降低企业的用电成本；④建立更低成本的清洁能源电价格，鼓励能源再生技术研发和使用，以进一步降低用电成本；⑤构建"互联网+"平台，促进解决能源分配问题，减少由于能源分配的随机性带来的低效率问题，增强电能的使用效率；⑥对能源交易机制进行进一步优化，为消费者创造更具有灵活性的采购渠道。

目前，无论是国家层面还是地方政府，都在致力于建设更加绿色环保的经济体系，企业也应当将此视为全新的发展机会，积极开拓创新技术，为发展绿色低碳可持续的经济模式提供强有力的保障。

（2）**能源消费端**。能源消费端可以通过电气化和高效化两个途径减少对高排放能源的使用，从而有效降低行业碳排放强度，减少温室气体排放总量。高水平的电气化能有效减少油气资源的使用，提高电能资源的使用效率，进而避免因为能源消费造成高碳排放的进一步加剧。根据当前能源使用数据推测，从2021—2028年，石油与天然气的使用增长率都将得到有效控制。在事关民生的农业、工业等领域，将更加快速推进清洁能源的使用。与此同时，能源消费领域的科技创新、能源消费情况的精准控制能切实有效提高能源的实际利用效率，降低化石能源的总消耗量，最终通过减少终端碳排放促进碳达峰碳中和的实现。

（3）**固碳增汇端**。固碳增汇端的路线主要包括人工固碳和生态建设等手段，通过这种方式减少部分二氧化碳气体的排放，并储藏已经产生的二氧化碳，推动实现碳中和这一最终目标。其中，最主要的举措就是使用固碳技术储藏二氧化碳气体，同时促进人为碳汇的增加。后一方面包括但不限于封山育林、建立自然保护区等举措，进一步提高生态系统本身具有的调节能力，给出自然层面的解决方案。另外，由于碳达峰以及碳中和目标的实现关系到社会方方面面的发展，科学技术方面应当做到同步创新，告别传统的跟随发展模式。最后，生态保护工作的开展需要充分考虑和认识到地方发展的实际情况，从政策层面给予生态保护工作最有力的支持，包括管理层面的支持和财政支持。

4.3.3　碳达峰碳中和路径的全局、全周期统筹及政策路线要求

要推进"双碳"目标实现，必须在经济活动过程中持续推进碳减排，并实施"碳排放额度"刚性约束。在减排的同时，还要兼顾国民经济系统正常运行、居民收入与就业等社会福祉目标的实现。

因此，"双碳"目标的路径是否有效，可借鉴"帕累托改进"概念进行判定：一是碳减排过程中，没有对经济社会生产和生活产生任何负面影响；如果有，碳减排带来的效率提升足以弥补；二是碳减排过程中，没有使其他利益主体（其他企业、区域或群体）承受成本或损失；

碳达峰碳中和：技术、市场与管理

如果有，碳减排带来的效率提升足以补偿。

这也意味着，以全社会作为一个整体系统考察碳减排时，需考察该路径引致的全生命周期碳排放的变化。否则只是将碳排放转嫁到了生命周期的其他过程或其他环节，该路径对于整体的碳减排而言是无效的。具体而言，考察某一主体的碳减排时，需同时考察该主体是否通过"外部化"等方式转嫁了碳排放，或转嫁了碳减排责任。只有通过合理补偿机制消除了外在影响，碳减排才是有效的。不仅如此，低碳路径形成的供给能力、改变传统高碳路径而缩减的供给能力，必须符合经济与民生需求。否则，该路径导致的碳减排是以经济运行损失和民生满足损失为代价的，这样的碳减排路径仍然不具备可持续发展的基本要求。

在推进"双碳"目标过程中，各种要素不可能显著扩张，要想使碳减排目标和经济民生目标得以兼顾，只有通过提高各种要素的碳效率来实现。换言之，只有在各个方面各个领域，通过碳效率较高要素对碳效率较低要素的逐步替代来实现这一兼顾。要促使低碳消费群体的持续增加、传统高碳消费群体持续减少，从生态友好型消费群体的养成、从消费者碳排放含量的降低这两个角度去探求；要促使碳效率较高生产能力的形成，并对碳效率较低生产能力实现有效替代；既要逐步增加可再生能源的比重，并对化石能源的使用进行有效替代，也要持续提高化石能源的碳效率。这种要素逐步替代的关键在于技术创新，一方面应强化碳减排技术创新的投入，另一方面要区分技术创新的类型——促进经济增长的技术创新和促进碳减排的技术创新并重。

推进"双碳"目标，核心的政策工具是"碳排放额度"；政策成效及预期成效的评判应当依据全生命周期的碳减排、碳效率的提升、碳减排的"帕累托改进"；政策的有效路径是各种要素的"有效替代"。通过产业支持政策推进"双碳"目标，不应简单地"发展低碳产业、削减高碳产业"，而应在满足国民经济和民生需求的前提下，将能够提高碳效率水平，或能促使碳效率较高产能有效替代碳效率较低产能的产业低碳化过程确定为政策支持对象。产业支持政策应推行"碳减排挂钩"机制，即某主体在增加碳效率较高生产能力时，应挂钩削减相应的传统生产能力。采取"碳排放额度"机制推进"双碳"目标，不应仅从生产领域着手，同时也应积极探索消费领域的"碳排放额度"倒逼机制，特别是针对建筑、能源、交通等碳排放重点领域探索大宗消费碳排放。

4.4 碳达峰碳中和技术

碳达峰碳中和技术，包括低碳技术（即减缓气候变化的技术）和适应气候变化的技术，分别对应着人类应对气候变化的两个最主要途径：减缓和适应。减缓是指通过经济、技术、生物等各种政策、措施和手段，控制温室气体的排放；适应是自然或人类系统在实际或预期的气候变化刺激下做出的一种调整反应，包括制度措施、技术措施、工程措施等。

4.4.1 低碳技术（减缓气候变化的技术）

低碳技术，是指能够有效降低排碳能源消耗、减少温室气体排放、防止或者减缓气候变暖而采取的技术手段。根据技术的减排机理，可以将其分为零碳技术、减碳技术以及负碳技术；根据技术的特征，可以将其分为非化石能源技术、燃料及原材料替代技术、工艺过程等直接非二氧化碳减排技术、碳捕集、利用与封存技术和碳汇类技术等五大类；根据技术的落脚点，可以将其分为能源供应技术、终端应用与基础设施相关技术（需求端技术）和二氧化碳捕集封存技术。

4.4.2 碳减排（减碳）关键技术

"碳减排"技术是指利用节能减排技术实现生产、消费、使用过程的低碳，并最终达到高效能、低排放、低能耗、低污染。一般而言，实施碳减排技术的重点领域主要涵盖钢铁、电力、石油化工、黑色金属冶炼及压延加工业、非金属矿物制品业等二氧化碳高排放量工业行业。研究和实施减碳技术，就是要围绕化石能源绿色开发、低碳利用、减污降碳等开展技术创新，重点加强多能互补耦合、低碳建筑材料、低碳工业原料、低含氟原料等源头减排关键技术开发；加强全产业链/跨产业低碳技术集成耦合、低碳工业流程再造、重点领域效率提升等过程减排关键技术开发；加强减污降碳协同、协同治理与生态循环、温室气体捕集/运输/封存等末端减排关键技术的开发。

4.4.3 零碳关键技术

零碳技术主要指零碳排放清洁能源技术。开展推进零碳关键技术的措施包括：开发新型太阳能、风能、地热能、海洋能、生物质能、核能等零碳电力技术以及机械能、热化学、电化学等储能技术，加强高比例可再生能源并网、特高压输电、新型直流配电、分布式能源等先进能源互联网技术研究；开发可再生能源/资源制氢、储氢、运氢和用氢技术以及低品位余热利用等零碳非电能源技术；开发生物质利用、氨能利用、废弃物循环利用、非含氟气体利用、能量回收利用等零碳原料/燃料替代技术；开发钢铁、化工、建材、石化、有色等重点行业的零碳工业流程再造技术。

4.4.4 负碳关键技术

负碳技术即负排放技术，主要应用于从大气中捕获、封存、积极利用、处理二氧化碳。负碳技术主要分为两类：一是增加生态碳汇类技术，利用生物过程增加碳移除，并在森林、土壤或湿地中储存；二是开发以降低大气中碳含量为特征的二氧化碳的捕集、封存、利用、转化等技术（CCUS）。

4.4.5 林业碳汇项目的开发

林业碳汇是国际公认的具有减缓和适应气候变化双重功能、经济上可行、环境上有效的应对气候变化措施，具有减缓气候变暖的效果。通过市场化手段参与林业资源交易，从而产生额外的经济价值，包括森林经营性碳汇和造林碳汇两个方面。

（1）森林经营性碳汇针对的是现有森林，通过森林经营手段促进林木生长，增加碳汇。造林碳汇项目由政府、部门、企业和林权主体合作开发，政府主要发挥牵头和引导作用，林草部门负责项目开发的组织工作，项目企业承担碳汇计量、核签、上市等工作，林权主体是收益的一方，有需求的温室气体排放企业可实施购买。近几年，国家批准备案的CCER林业碳汇项目使用的方法学有5个，分别是《AR-CM-001-V01碳汇造林项目方法学》《AR-CM-002-V01竹子造林碳汇项目方法学》《AR-CM-003-V01森林经营碳汇项目方法学》《AR-CM-005-V01竹林经营碳汇项目方法学》《AR-CM-004-V01可持续草地管理温室气体减排计量与监测方法学》。

（2）**碳捕集、利用与封存技术（CCUS）与我国的发展现状。**碳捕集、利用与封存（Carbon Capture，Utilization and Storage，CCUS），即把生产过程中排放的二氧化碳进行提纯，继而投入到新的生产过程中进行循环再利用或封存。与CCS相比，可以将二氧化碳资源化，能产生经济效益，更具有现实操作性。二氧化碳的资源化利用技术有合成高纯一氧化碳、烟丝膨化、化肥生产、超临界二氧化碳萃取、饮料添加剂、食品保鲜和储存、焊接保护气、灭火器、粉煤输送、合成可降解塑料、改善盐碱水质、培养海藻、油田驱油等。其中，合成可降解塑料和油田驱油技术产业化应用前景广阔。但目前为止，CCUS技术面临生产成本高、投资风险大和需求量不足等困难。

碳捕集、利用与封存技术在我国的发展现状，从捕集环节来看，部分技术已达到或接近达到商业化应用阶段；从运输环节来看，二氧化碳陆路车载运输和内陆船舶运输技术已成熟；从利用环节来看，化工利用取得较大进展，整体处于中试阶段；从封存环节来看，中国已完成了全国二氧化碳理论封存潜力评估。中国已经建成首个百万吨级CCUS项目——齐鲁石化—胜利油田CCUS项目，每年可减排二氧化碳100万t。此外，中海油、广东省发展和改革委员会、壳牌（中国）有限公司和埃克森美孚（中国）投资有限公司，签署了大亚湾区CCUS集群研究项目谅解备忘录，拟共同建设中国首个海上规模化碳捕集与封存集群，储存规模可最高达1000万t/年。

⑤ 碳足迹管理

5.1 碳足迹的概念

5.1.1 碳足迹的定义

碳足迹，源自"生态足迹"，主要以二氧化碳排放当量（CO_2 equivalent，简写成$CO_2\,eq$）表示人类生产和消费活动过程中排放的温室气体总排放量。相较于单一的二氧化碳排放，碳足迹是以生命周期评价方法评估研究对象在其生命周期中直接或间接产生的温室气体排放，对于同一对象而言，碳足迹的核算难度和范围要大于碳排放，其核算结果包含着碳排放的信息。

目前，关于"碳足迹"的准确定义和理解仍在不断发展和完善，不同的学者或者组织，对于"碳足迹"的概念和内涵各有侧重，其中学者更多从生命周期评价角度来定义，而机构组织则主要按照其评价对象背景和职能来定义。目前碳足迹可以按照其应用层面（分析核算尺度）分成"国家碳足迹""城市碳足迹""组织碳足迹""企业碳足迹""家庭碳足迹""产品碳足迹"以及"个人碳足迹"。其中广泛使用且比较重要的概念是"产品碳足迹"和"企业碳足迹"。

消费层面看，实施碳足迹核算是实现碳达峰、碳中和不可或缺的技术基础。通过使用碳足迹标准及标识，消费者可以方便地比较产品碳排放高低，从而发挥绿色低碳消费对供给侧的引导作用。

生产层面看，开展产品碳足迹评价是减少碳排放行为的重要基础，能够帮助企业辨识产品生命周期中主要的温室气体排放过程，制定有效的碳减排方案。值得注意的是，产品碳足迹作为征收"碳税"的依据，逐步形成了新的"绿色"贸易壁垒。

5.1.2 企业碳足迹

公司碳足迹是指公司在一定时间内（通常是一年）的直接和间

接的六类温室气体排放量，包括二氧化碳（CO_2）、甲烷（CH_4）、氧化亚氮（N_2O）、氢氟碳化物（HFCs）、全氟碳化物（PFCs）及六氟化硫（SF_6），常用二氧化碳当量（CO_2 eq）表示。按照国际标准ISO 14064—1，企业的碳排放可以分为三个范围，即直接碳排放、间接碳排放、其他碳排放。

直接排放。主要是指公司直接使用石化燃料进行燃烧或是自有车辆的运输过程中产生的温室气体排放和生产过程中直接释放的温室气体；

间接排放。主要是指公司使用的外购电力或蒸汽在生产过程中产生的温室气体排放。虽然这部分温室气体排放是间接的，并不是直接在电力或蒸汽消耗的单位产生，但是它对应的温室气体排放受这些单位的控制，也就是说，能源使用单位可以通过加强节能管理或是技术革新提高能源使用效率，从而减少能源的使用，间接促使减少二次能源在生产过程中的温室气体排放；

其他碳排放。不受企业控制的温室气体排放。主要包括了企业产生的垃圾在处理过程中、企业员工的上下班、员工的出差等活动中产生的间接的温室气体排放；

其中，直接排放和间接排放的温室气体排放在进行公司碳足迹核算时必须计入，而其他碳排放可选择计入。公司碳足迹主要对企业用能和直接的温室气体排放进行核算和分析，因此，其已成为衡量公司环境绩效的重要指标之一。

表5-1 企业碳排放的三个范围

描述	说明	举例
直接碳排放	企业物理边界或自有设施直接产生的碳排放	企业燃煤锅炉、原材料生产加工、燃料燃烧、燃油车等
间接碳排放	外购电力和热力产生的间接排放	企业外购电力、蒸汽产生的排放
其他碳排放	企业正常生产经营而引起的外部排放	外购商品和服务、上下游产业链以及售出产品的使用过程等的碳排放量

5.1.3 产品碳足迹

产品碳足迹，通常是指某个产品在其整个生命周期内的各种温室气体排放，即从原材料一直到生产（或提供服务）、分销、使用和处置/再生利用等所有阶段的温室气体排放。其范畴包括二氧化碳（CO_2）、甲烷（CH_4）、和氮氧化物（N_xO_y）等温室气体。

5.2 碳足迹的核算标准

目前，不少国家或组织均开发并出台了针对不同系统层级的碳足迹核算标准。根据评估对象的系统层级，大致可以分为三个层级。

（1）**国家、部门或者地域层级**。国际比较通用的是《IPCC国家温室气体清单指南》（IPCC，2006）以及《ICLEI城市温室气体清单指南》（ICLEI，2009）。

（2）**企业、组织活动层级**。通用的标准包括《温室气体核算体系：企业核算与报告标准》（WRI，WBCSD，2004，2011年修订）以及《ISO 14064标准系列》（ISO，2006）。

（3）**在产品层级**。主要的国际标准有三个，包括《PAS2050：2011产品与服务生命周期温室气体排放的评价规范》（BSI，2011）、《产品生命周期核算与报告标准》（GHG Protocol）（WRI，WBCSD，2011）以及《ISO 14067产品碳足迹量化与交流的要求与指导技术规范》（ISO，2013）。

5.2.1 企业碳足迹核算标准

（1）ISO 14064：2006。该系列标准的编制目的是降低温室气体的排放和推动全球温室气体排放贸易，促进温室气体的量化、监测、报告和验证的一致性、透明度和可信性；保证组织识别和管理与温室气体相关的责任、资产和风险；促进温室气体限额或信用贸易；支持可比较的和一致的温室气体方案或程序的设计、研究和实施。

该标准规定了国际上最佳的温室气体资料和数据管理、汇报和验证模式。人们可以通过使用标准化的方法，计算和验证排放量数值，确保

1t二氧化碳的测量方式在全球任何地方都是一样的。这样使排放声明不确定度的计算在全世界得到统一，最终用户群（如政府、市场贸易和其他相关方）可依靠这些数据并进行索赔。

标准构成分为三个部分。

第一部分详细规定了设计、开发、管理和报告的组织或公司温室气体清单的原则和要求。它包括确定温室气体排放限值，量化组织的温室气体排放，清除并确定公司改进温室气体管理具体措施或活动等要求。同时，标准还具体规定了有关部门温室气体清单的质量管理、报告、内审及机构验证责任等方面的要求和指南。

第二部分着重讨论旨在减少温室气体排放量或加快温室气体的清除速度的温室气体项目（如风力发电或碳吸收和储存项目）。它包括确定项目基线、与基线相关的监测和量化以及报告项目绩效的原则和要求。

第三部分阐述了实际验证过程。它规定了核查策划、评估程序和评估温室气体等要素。这使ISO 14064—3可用于组织或独立的第三方机构进行温室气体报告验证及索赔。

（2）温室气体核算体系：企业核算与报告标准（2011）。《温室气体核算体系企业核算和报告标准》（《企业标准》）是温室气体核算体系中最核心的标准之一。《企业标准》为企业和其他组织编制温室气体排放清单提供了标准和指南，涵盖《京都议定书》中规定的六种温室气体，二氧化碳（CO_2）、甲烷（CH_4）、氧化亚氮（N_2O）、氢氟碳化物（HFCs）、全氟化碳（PFCs）和六氟化硫（SF_6）的核算与报告，主要根据如下目标设计。

1）帮助公司运用标准方法和原则编制反映其真实排放的温室气体清单；

2）简化并降低编制温室气体清单的费用；

3）为企业提供用于制定管理和减少温室气体排放有效策略的信息；

4）提高不同公司和温室气体计划之间温室气体核算与报告的一致性和透明度。

这一标准的建立基于企业、非政府组织、政府和会计协会等超过350位权威专家的经验和知识。来自9个国家的30余家企业对其进行了实地测试。温室气体核算体系愿景是推进温室气体核算和报告标准的国际化，保证不同的交易计划和其他气候相关的倡议组织采取一致的温室气体核算方法。

5.2.2 产品碳足迹核算标准

（1）PAS2050，全称为"PAS2050：2011产品与服务生命周期温室气体排放的评价规范"。PAS2050是世界上首例针对产品碳足迹的核算标准，为企业提供了一个一致的方法来评估产品生命周期内温室气体的排放，该标准首版由英国标准协会（BSI）编制并于2008年10月29日发布。PAS2050最初是由英国环境、食品和乡村事务部（Defra）和英国碳信托（Carbon Trust）两个组织联合发起的。该标准主要应用于对产品和服务在整个生命周期（Fullife-cycle）中所产生的温室气体排放量进行核算与评估，这里的全生命周期（Fullife-cycle）指的是产品从原材料的收集到产品的加工生产、后期产品的市场分配和销售、消费者使用以及产品废弃后废弃物处理的全过程。2011年，PAS2050的修订版出台，相较于2008年的首版，其更具有针对性并且适用范围更加广泛。

（2）GHG Protocol，全称为"产品生命周期核算和报告标准"，由两个组织（WRI和WBCSD）联合制定，正式发表于2011年10月。这是一项面向公众开放的标准。GHG Protocol标准是根据生命周期评价标准（ISO 14044）制定的，用于评测产品的生命周期碳排放的报告，旨在帮助企业或组织针对产品设计、制造、销售、购买以及消费使用等环节制定相应的碳减排策略。早在2010年，GHG Protocol标准草案就已经出台，并且经过了60家公司试用和测试，在关于碳足迹核算的规定、要求和指导等方面，GHG Protocol被认为是最为详细和清晰的。

（3）ISO 14067，是国际标准化组织（ISO）根据PAS2050标准发展而来，其全称比较简单直观，就叫"产品碳足迹"。2012年10月4日，在国际标准化组织的官网上，该标准的草案版被公布，它提供了产品碳足迹核算最基本的要求和指导，被认为是更具普遍性的标准，其正式版本发布于2013年。在ISO 14067中，产品碳足迹的定义为：基于生命周期法评估得到的一个产品体系中对温室气体排放和清除的总和，以二氧化碳当量表示其结果。ISO 14067规定研究目标必须说明开展研究的原因，预期的应用以及受众。ISO 14067标准颁布之后，其他产品碳足迹的相关标准将被终止使用或者根据此国际标准进行修正。

5.3　碳足迹核算方法

生命周期评价方法（Life Cycle Assessment，LCA）作为一种评价工具，主要应用于在宏观层面（如国家、部门、企业等）或者微观层面（具体产品或服务方面）评价和核算产品或服务整个生命周期过程，即从摇篮到坟墓（Cradle to grave）的能源消耗和环境影响。从摇篮到坟墓一般指的是从产品的原材料收集到生产加工、运输、消费使用及最终废弃物处置。目前比较常用的生命周期评价方法可以分为三类（依据方法的系统边界设定和模型原理）。

5.3.1　过程生命周期评价（Process-based，PLCA）

该方法是最传统的生命周期评价法，同时仍然是目前最主流的评价方法。根据ISO颁布的《生命周期评价原则与框架》（ISO 14040），该方法主要包括四个基本步骤：目标定义和范围的界定、清单分析、影响评价和结果解释。每个基本步骤又包含一系列具体的步骤流程。

过程生命周期评价方法，采用"自下而上"模型，基于清单分析，通过实地监测调研或者其实他数据库资料收集来获取产品或服务在生命周期内所有的输入及输出数据，来核算研究对象的总碳排量和环境影响。对于微观层面（具体产品或服务方面）的碳足迹计算，一般采用过程生命周期法居多。该方法优势在于能够比较精确地评估产品或服务的碳足迹和环境影响，且可以根据具体目标设定其评价目标、范围的精确度。但是由于其边界设定主观性强以及截断误差等问题，其评价结果可能不够准确，甚至出现矛盾的结论。

5.3.2　投入产出生命周期评价（Input-output LCA，I-OLCA）

投入产出生命周期评价，又称为经济投入产出生命周期评价（Economic Input-output LCA，EIO-LCA）。该方法引入了经济投入产出表，能有效克服过程生命周期评价方法中边界设定和清单分析存在的弊端。

此方法主要采用的是"自上而下"模型，在评估具体的产品或服务的环境影响时，首先"自上"表示需要先核算行业以及部门层面的能源消耗和碳排放水平，此步骤需要借助间隔发表（非连年发表）的投入产出表，然后再根据平衡方程来估算和反映经济主体与被评价的对象之间的对应关系，依据对应关系和总体行业或部门能耗对具体产品进行核算。该方法一般适用于宏观层面（如国家、部门、企业等）的计算，较少应用于评价单一工业产品。该方法优势在于能够比较完整地核算产品或者服务的碳足迹和环境影响。但是该方法的评估受到投入产出表的制约，一方面时效性不强，因为该表间隔数年定期发布；另外表中的部门不一定能够很好与评价对象相互对应，故而一般无法评价一个具体产品，同时也不能够完整核算整个产品生命周期的排放。

5.3.3　混合生命周期评价（Hybrid-LCA，HLCA）

混合评价方法，是将过程分析法和投入产出法相结合的生命周期评价方法，按照两者结合方式不同，目前可以将其划分为三种生命周期评价模型：分层混合、基于投入产出的混合和集成混合。

总体来讲，该方法的优势在于不但可以规避截断误差，又可以比较有针对性地评价具体产品及其整个生命周期阶段（使用和废弃阶段）。但是前两种模型易造成重复计算，并且不利于发挥投入产出表的系统分析功能；而最后一种模型则由于难度较大，对数据要求较高，尚且停留于假说阶段。

5.4　企业开展碳足迹的方式

5.4.1　政策要求

2022年8月1日，工信部、国家发改委和生态环境部联合印发《工业领域碳达峰实施方案》，方案明确提出：到2025年，规模以上工业单位增加值能耗较2020年下降13.5%，单位国内生产总值二氧化碳排放比2020年下降18%。鼓励符合规范条件的企业公布碳足迹。

碳足迹的公布能够生成碳排放各环节地图，拆解整个碳排放流程后有针对性地逐一击破，从而对碳排放量进行精细化、智能化管理，更有利于实现目标。碳足迹作为碳交易的重要基数，公布后将使碳交易市场的发展更加规范。

5.4.2 企业开展碳足迹的步骤

企业碳足迹的评估一般按照以下三个步骤进行：

（1）估算碳排放量，基于企业基本资料，对碳排放量做初步估算。

（2）编制温室气体排放清单并核算排放量，以准确了解公司的排放源和排放状况。

（3）确定减排目标和减排机会，对排放量模型和数据进行分析，确认成本效益最高的减排途径。

5.4.3 企业开展碳足迹管理的重点

企业在完成碳足迹核算后，可以编制企业碳足迹报告，供内部管理和外部交流使用。通过碳足迹报告，企业可以发现温室气体排放的热源，从而结合企业的实际情况，制定合理的、经济适用的减排计划和方案，从而有效地管理企业的碳足迹。在碳足迹报告用于外部交流时，为了增强报告的公信力，最好将碳足迹报告经由第三方机构审核。企业在进行碳足迹报告和管理时，还应该注意两个方面。

（1）**合理选定基准线**。基准线是指企业进行温室气体核查和比较的基准年份。它既可以是过去几年碳足迹的平均值，也可以是某个具有代表性年份的碳足迹。

对于参加碳贸易机制的企业，基准线是认定减排量的基础，也是国家制定减排任务、发放排放额度的基础。对于一般的企业而言，建立基准线有助于企业了解和跟踪每一年温室气体的排放情况，进行有效的碳足迹管理。

（2）**建立碳足迹管理系统，与现有环境绩效管理系统融合**。企业建立一个完善的碳足迹管理系统，并将该碳足迹管理系统融合到现有的环境绩效管理系统中。其理论基础如下：

碳达峰碳中和：技术、市场与管理

1）碳足迹作为一个环境绩效指标，是建立在其他低层次的环境信息和绩效指标基础上的。

2）碳足迹的管理实际上是企业能耗和生产环境管理的一部分。

3）方法学的管理系统，利用和完善现有的环境信息系统和环境绩效管理系统，企业不仅可以对碳足迹进行有效的管理，而且还可以加强对其他环境问题的量化管理以及生产管理。

5.5　绿色供应链管理

5.5.1　绿色供应链

绿色供应链的概念最早由美国密歇根州立大学制造研究协会在1996年进行一项"环境负责制造（ERM）"的研究中首次提出，又称环境意识供应链（Environmentally Conscious Supply Chain）或环境供应链（Environmentally Supply Chain）。

绿色供应链广义上指的是要求供应商其产品与环境相关的管理，亦即将环保原则纳入供应商管理机制中，目的是让产品本身更具有环保概念，提升其市场竞争力。对绿色供应链进行管理，其考虑了供应链中各个环节的环境问题，注重对环境的保护，促进经济与环境的协调发展。目前对于绿色供应链管理还没有确切的一个概念，但核心观点是指在供应链管理的基础上，加入环境保护的考量，把"无废无污"和"无任何不良成分"及"无任何副作用"贯穿于整个供应链中，这是绿色供应链管理的基本原则。

5.5.2　绿色供应链管理的基本内容

绿色供应链管理需要考虑产品或服务的生命周期中各个阶段的温室气体排放，并对其进行管理。每个阶段都有不同的特点，因此，管理内容也有差异。

（1）**绿色设计**。研究表明，产品性能的70%～80%是由设计阶段决定的，而设计本身的成本仅为产品总成本的10%，因此，在设计阶段要充分考虑产品对生态和环境的影响，使设计结果在整个生命周期内的资源利用、能量消耗和环境污染降到最小。绿色设计主要从零件设计的标准化、模块化、可拆卸和可回收设计上进行研究。

（2）**绿色材料。**原材料供应是整条绿色供应链的源头，必须严格控制源头的污染。从大自然提取的原材料，经过各种手段加工形成零件，同时产生废料和各种污染，这些副产品一部分被回收处理，一部分回到大自然中。

（3）**绿色供应过程。**供应过程就是制造商在产品生产时，向原材料供应商进行原材料的采购，确保整个供应业务活动的成功进行，为了保证供应活动的绿色性，主要对供货方、物流进行分析。

（4）**绿色生产。**生产过程是为了获得所要求的零件形状而施加于原材料上的机械、物理、化学等作用的过程。

（5）**绿色销售、包装、运输和使用。**绿色销售是指企业对销售环节进行生态管理，它包含分销渠道和中间商的选择、网上交易和促销方式的评价等。绿色包装主要从以下几个方面进行考虑：实施绿色包装设计，优化包装结构，减少包装材料，考虑包装材料的回收、处理和循环使用等；绿色运输主要指集中配送、资源消耗和合理的运输路径的规划。

（6）**产品废弃阶段的处理。**工业技术的改进使得产品的功能越来越全面，同时产品的生命周期也越来越短，造成了越来越多的废弃物消费品。不仅造成严重的资源、能源浪费，而且成为固体废弃物和环境污染的主要来源。产品废弃阶段的绿色性主要体现在回收利用、循环再用和报废处理上面。

5.5.3　绿色供应链管理实施要点

（1）**加强企业内部管理。**加强企业内部管理，重新思考、设计和改变在旧环境下形成的按职能部门运作和考核的机制，有效地建立跨越职能部门的业务流程，减少生产过程中的资源浪费，节约能源和减少环境污染。

（2）**加强供应商的环境管理。**绿色供应过程对供应商提出了更高的要求。首先，要根据制造商本身的资源与能力、战略目标对评价指标加以适当调整，设置的指标要能充分反映制造商的战略意图。其次，强调供应商与制造商在企业文化与经营理念上对环境保护的认同，这是实现供应链成员间战略伙伴关系形成的基础；然后，供应链成员具有可持续的竞争力与创新能力。最后，使供应商之间具有可比性，这样有利于在多个潜在的供应商之间择优选用。

（3）**加强用户环境消费意识。**加强用户环境消费意识要从我国人均资源占有水平低、资源负荷重、压力大的角度出发，充分认识绿色消费对可持续发展的重要性。发展绿色消费可以从消费终端减少消费行为对环境的破坏，遏制生产者粗放式的经营，从而有利于实现我国社会经济可持续发展目标。

6 能源技术减排路径

6.1 能源的概念

能源是可以从自然界直接取得的、具有能量的物质，如煤炭、石油、核燃料、水、风、生物体等；或从这些物质中再加工制造出的新物质，如焦炭、煤气、液化气、煤油、汽油、柴油、电、沼气等。因此，能源是能够提供某种形式的能量的物质，即能够产生机械能、热能、光能、电磁能、化学能的资源。

6.2 能源革命

第三次能源革命是为了缓解环境和气候问题的根本性革命。这次能源革命是将能源生产从化石能源转向可再生能源（光伏、风电、水电、核电等），能源载体是电、氢、储能等，而应用和交通工具是新能源汽车、户用光伏等。能源革命的背后是技术进步，可再生能源大发展的前提是锂电、风、光、储等能源技术的突破，以及新材料、分布式能源、智能电网、能源互联网等配套科技的创新发展。

6.3 能源的分类

能源按含碳和不含碳可分为化石能源和非化石能源。化石能源包含煤炭、石油和天然气三类，页岩气、煤层气、可燃冰则算是天然气的特殊形态；非化石能源则指这三类以外的其他一次能源。

能源按成因可分为一次能源和二次能源。一次能源没有经过加工转换，是以天然形式存在，如煤炭、原油、天然气、水力、核能、太阳能、生物质能、海洋能、风能、地热能等。二次能源主要是由一次能源加工转换生成的能源，主要有电力、焦炭、煤气、蒸汽、热水以及成品油、燃料油、液化石油等，在生产过程中排出的余能、余热，如高温烟气、可燃气、蒸汽、热水、排放的有压流体等也属于二次能源。

能源按使用性质可分为燃料性能源和非燃料性能源。燃料型能源是指能够通过短时间内剧烈氧化释放大量热量的能源，如煤炭、石油、天然气、泥炭、生物质等。其他不可燃烧的能源即是非燃烧型能源，比如电力、热力、太阳能、水能、风能、地热能、海洋能等。

能源按形成和再生性可分为再生能源和非再生性能源。

能源按技术开发程度可分为常规能源和新能源。常规能源是指目前在技术上成熟、经济上合理、已经多年被人类大规模开采、采集和广泛使用的能源，如煤炭、原油、天然气、火电、水能、薪炭材、农作物秸秆和其他柴草等。新能源是指常规能源以外的其他各种能源形式，比如太阳能、地热能、风能、海洋能和部分生物质能等。相对于常规能源而言，新能源具有污染少、储量大的特点。

能源按商品性可分为商品能源和非商品能源，是按照能源的市场商品交易程度区分的，我国和世界大多数国家核算的能源消费量是商品能源消费量。

能源按对环境的污染程度可分为清洁能源和非清洁能源。清洁能源主要指天然气、水能、风能、太阳能、地热、海洋能、核能及由此产生的电力、动力、热力等。

6.4   能源低碳发展的战略要求与能源零碳排放的路线

国家发展改革委发布的《能源生产和消费革命战略（2016—2030）》提出非化石能源消费比重应当由2020年的15%提升至2030年的20%，到2050年应提升至50%。"煤炭清洁高效利用"被列入"面向2030国家重大项目"。《2030年前碳达峰行动方案》将能源绿色低碳转型作为重点任务，提出推进煤炭消费替代和转型升级、大力发展新能源、合理调控油气消费、加快建设新型电力系统。《关于完整准确全面贯彻新发展理念做好碳达峰碳中和工作的意见》提出2030年非化石能源消费比重达到25%左右，2060年非化石能源消费比重达到80%以上，同时明确需要加快构建清洁低碳安全高效的能源体系，严格控制化石能源消费，不断提高非化石能源消费比重。

近年来，全球的能源零碳路线也被清晰地画出。2021年5月18日，国际能源署（IEA）正式发布了《2050年净零排放：全球能源行业路线图》，路线图设定了400多个里程碑数据，以指导全球到2050年实现净零排放的过程。这份路线图要求停止对新的化石燃料供应项目及新建燃煤电厂的投资。到2035年，不再销售新的内燃机乘用车（新能源汽车代替传统油车等），到2040年要求全球电力部门的排放量达到净零。

6.5 能源领域需要关注的技术

能源领域应当重点关注新型电力系统、安全高效储能、氢能、新一代核能体系、二氧化碳捕集、利用与封存、天然气水合物等前沿领域。这些技术也是企业关注的重点，或者说在后续的市场竞争中获得市场份额的有效手段。其中应当重点关注的技术包括先进可再生能源发电及综合利用技术、先进核能技术、新型电力系统技术、安全高效储能、氢能、油气勘探开发技术、燃气轮机、煤炭清洁高效开发利用技术。

7 建筑耗能减排路径

7.1 我国建筑部门能源消费状况与二氧化碳排放量

建筑部门全生命周期各阶段均有碳排放产生，包括建筑材料与设备生产和运输阶段、建筑施工阶段、建筑运营阶段、建筑拆除阶段。

我国建筑运行能耗可以分为四大类：北方城镇供暖用能、城镇住宅用能（不包含北方地区的供暖）、公共建筑用能（不包含北方地区的供暖）以及农村住宅用能。

7.1.1 建筑部门能源消费状况

根据2021年12月中国建筑节能协会、重庆大学发布的《2021中国建筑能耗与碳排放研究报告》，2019年全国建筑全过程能耗总量为22.33亿t标准煤。其中建筑运行阶段能耗为10.3亿t标准煤，占全国能源消费总量的21.2%。

7.1.2 建筑部门二氧化碳排放量

根据住建部科技与产业化发展中心发布的《建筑领域碳达峰碳中和实施路径研究》，在基础情景下，我国建筑CO_2排放总量将在2035年达峰，总量维持在30.08亿t，其中直接碳排放3.84亿t，间接碳排放27.24亿t；在总量控制情景下，排放总量在2030年达峰，总量为26.88亿t，其中直接碳排放3.61亿t，间接碳排放23.27亿t。

7.1.3 建筑部门二氧化碳排放环节

建筑部门的二氧化碳排放主要在建造和运营两个环节产生。

建筑建造过程中会产生二氧化碳排放，该阶段的碳排放主要来自三个方面：一是部分建材加工能耗，包括混凝土的加工，以及装配式建筑预制构件生产加工产生的碳排放；二是施工人员在场地工作生活产生的碳排放，包括工棚空调、照明等；三是施工能耗，包括施工设备的使用电耗、油耗等。在建材生产及建筑建造施工运输过程中的碳排放，大约占我国碳排放总量的18%。

建筑使用阶段也会产生大量二氧化碳排放，建筑能耗总量的增长、能源结构的调整都会影响与建筑运行相关的二氧化碳排放。建筑运行相关的二氧化碳排放分为直接碳排放和间接碳排放，其中直接碳排放指建筑在运行过程中直接燃烧化石能源所产生的碳排放，间接碳排放主要包括建筑用电以及北方城镇消耗的与热电联产热力相关的碳排放。建筑运行阶段消耗的能源种类主要以电、煤、天然气为主。其中，城镇住宅和公共建筑两类建筑中70%的能源均为电，以间接二氧化碳排放为主；而在北方城镇采暖和农村住宅分项中，使用燃煤的比例更高，在北方城镇采暖分项中使用燃煤的比例超过了80%，农村住宅中使用燃煤的比例约为60%，这些都会导致大量的直接二氧化碳排放。

7.2　建筑行业实现碳中和的路径

我国正处于建筑用能发展变化的关键时期，不同发展路径会造成截然不同的建筑能耗与排放。建筑部门的碳中和策略，包括在生产、施工、运营、拆除等阶段的整个生命周期内，减少化石能源的使用，提高能效，降低二氧化碳排放量。

（1）**建筑建造节能减排**。合理规划，控制建筑规模总量；抑制房屋的大拆大建，发展建筑维修技术；推动建筑业全产业链绿色低碳发展；提升新建建筑节能减碳标准。

（2）**建筑运行节能减排路径**。深化可再生能源建筑应用，加快推动建筑用能电气化和低碳化；开展建筑屋顶光伏行动，大幅提高建筑采暖、生活热水、炊事等电气化普及率。在北方城镇加快推进热电联产集中供暖，加快工业余热供暖规模化发展，积极稳妥推进核电余热供暖，因地制宜推进热泵、燃气、生物质能、地热能等清洁低碳供暖；提高建筑节能标准，加快推进超低能耗、近零能耗、低碳建筑规模化发展。

7.3　绿色建筑的技术

绿色建筑是指一种在建设期间不破坏环境基本生态平衡条件，在使用运行期间所消耗的物质和能源明显少于传统建筑的新型建筑，又称为可持续发展建筑、生态建筑等。绿色建筑的基本内涵可归纳为：减轻建筑对环境的负荷，即节约能源及资源；提供安全、健康、舒适性良好的生活空间；与自然环境亲和，做到建筑与人和环境的和谐共处、永续发展。

7.3.1　零碳建筑、净零碳建筑与绿色建筑的区别

零碳建筑与净零碳建筑是绿色建筑范畴内的理念，虽然二者的技术概念和手段均有所重合，但在各自的理念体系内有着不同的重点。

（1）**零碳建筑。**零碳建筑，是指在建筑的全生命周期中，建筑的综合碳排放为零的建筑，建筑在不消耗煤炭、石油、电力等能源的情况下，全年的能耗全部由场地产生的可再生能源提供。其主要特点是除了强调建筑围护结构被动式节能设计外，将建筑能源需求转向太阳能、风能、浅层地热能、生物质能等可再生能源，为人类、建筑与环境和谐共生寻找到最佳的解决方案。零碳建筑的考量不仅针对建筑使用阶段，更要全面考虑建材生产运输、建造施工、运行维护、拆除废弃等全生命周期。

（2）**净零碳建筑。**净零碳建筑在绿色零碳建筑中融入了四个关键策略，包括：净零能源、净零水耗、净零废物和净零碳。零碳建筑是净零建筑的一种。

7.3.2　绿色建筑的关键技术

常见的绿色建筑技术措施包括以下几种：

（1）**太阳能。**绿色建筑使用太阳能可以分为主动式和被动式。主动式太阳能建筑是指运用光热、光电等可控技术利用太阳能资源实现收集、蓄存和使用太阳能，进而以太阳能为主要能源的节能建筑，其中最常见的就是建筑中使用太阳能热水器。而被动式太阳能建筑就是不用任何其他机械动力，只依靠太阳能自然供暖的建筑，白天的一段时间直接

依靠太阳能供暖，多余的热量为热容量大的建筑物构件（如墙壁、屋顶、地板）、蓄热槽的卵石、水等吸收，夜间通过自然对流放热，使室内保持一定的温度，达到采暖的目的。

（2）**生物可降解材料**。建筑基础、墙面和保温使用生物可降解材料。

（3）**绿色保温材料**。

（4）**智能电器**。智能电器也是可持续建筑技术不可缺少的组成，这类技术旨在建设零能房屋和商用建筑。

（5）**冷顶**。是一种可持续绿色设计技术，旨在反射热量和太阳光，通过降低热吸收和热辐射，保证房屋和建筑达到标准室内温度。

（6）**可持续资源利用**。是可持续建筑技术的首要表现，因为它确保建筑材料的使用设计均来源于回收产品，且一定是环保的。

（7）**减少能耗机制**。例如木质房屋是一种可持续建筑技术，与钢筋混凝土建筑相比，其能耗更低。可持续绿色建筑也使用密闭性更好、通风效果更佳的高性能窗户和保温技术，这些技术意味着减少对空调和供暖的依赖。利用太阳和水等可再生能源也是低能耗房屋和零能建筑设计的一种机制。

（8）**电子智能玻璃**。在夏季，电子智能玻璃可以阻挡太阳辐射的热量，它可以利用微小电信号对玻璃进行微充电，以改变其对太阳辐射的反射量。

（9）**节水可持续化建筑技术**。可以降低绿色建筑的水利用成本，有助于节约用水。在城市中使用时，该技术可以减少15%的用水，以解决净水短缺问题。

8 交通领域减排路径

8.1 交通领域的碳排放

交通运输行业是最重要的能源消费以及二氧化碳排放行业之一。从总量上看，国际能源署（IEA）数据显示，交通运输行业为全球第二大碳排放部门，碳排放量占比达26%。中国作为交通大国，高速公路通车里程、高速铁路与城轨交通运营里程世界第一。

2020年，交通运输行业碳排放量占中国二氧化碳排放量的11%，是电力和工业之后的第三大排放源。目前我国交通领域的碳排放结构，公路是主体，占比87%；铁路占比最低，为0.68%；海运和航空大约都是6%。未来一段时期，中国国民经济和交通运输仍将保持快速增长的态势，但碍于交通发展的技术水平和能源结构还未发生根本性转变，交通运输领域的碳排放总量还将持续增加。

8.2 交通运输行业的低碳发展路径

交通领域碳达峰、碳中和与交通运输发展规模、碳减排措施力度紧密相关。目前我国的交通运输结构以高碳排放的公路为主。推动多式联运高质量发展，加速铁路水路对公路的替代，是交通运输低碳发展的重要路径。在近中期，规模增速是碳排放的主因；而在中远期，由于交通运输规模增速放缓，技术渗透和应用全面提升，技术和政策减排措施将发挥主要作用。

2021—2030年，交通运输需求持续增长、碳排放量持续增加，交通运输减碳排放应着重加强顶层设计，出台各项行动方案和指导意见，完善统计能力建设，全面推进运输结构优化、能效提升、新能源与清洁能源替代、引导绿色出行等工作；部署开展低碳、零碳运输装备的储备技术研发和准备工作。

2030—2035年，伴随交通运输规模增速不断放缓以及减碳手段的持续推进，碳排放将进入平台期。交通运输减碳主要依靠大规模的新能源替代和能效提升手段，重点深化公路领域的碳减排工作。

2035—2050年，随着新能源替代效益的发挥，交通运输领域的碳排放将实现稳步下降；燃料替代开始发挥关键作用，私家车、公交车、出租车、铁路机车逐步实现电动化，车辆能效水平持续提升，自动驾驶技术逐渐成熟应用。

2050—2060年，交通运输领域进入深度降碳阶段，主要依靠新能源设备的大规模稳定使用以及交通与能源融合模式的全面应用。重点强化航空、水运领域的碳减排工作，最大程度推进交通领域实现净零排放。

8.3 交通运输行业低碳发展面临的挑战

交通运输部门实行低碳发展是应对全球气候变化、实现全球可持续发展的重要途径，但是交通部门仍然面临许多问题与挑战。主要的挑战包括：

（1）**交通运输结构不优、效率不高的问题仍然存在**。铁水联运、水水中转、空铁联运等高效组织模式有待进一步发展。在我国，相当比例的大宗货物中长距离运输仍然靠公路运输来完成，沿海港口集装箱铁路和水运疏港比例明显偏低，铁路、水运等节约能源资源、长距离大宗货物运输成本较低的优势尚未充分发挥；综合运输组织化水平不高，经营主体过于分散，交通运输结构性矛盾尚未根本解决。

（2）**绿色生产消费理念和绿色出行发展模式尚未形成**。城市公共设施与交通系统规划衔接性不够，"职住分离"的城市布局增加了城市出行需求，导致了交通拥堵；基础设施供给不足，系统建设相对滞后，自行车、步行分担率有待进一步提升。

（3）**技术创新有待进一步加强，运输装备标准化、清洁水平和配套设施仍需提升**。高耗能、高排放的交通工具更新缓慢，以清洁能源和新能源为燃料的运输装备设备应用缓慢。目前新能源车主要应用于公交、出租城市配送等场景，在货物运输、班线客运等应用较少，加气、充换

碳达峰碳中和：技术、市场与管理

电等配套设施建设不足。

（4）**交通低碳治理基础能力薄弱，绿色交通治理能力和推进手段有待提升。**一些地区对交通运输绿色低碳发展的认识不高、能力不强、行动不实。交通部门信息化、智能化进程缓慢，相关法规制度仍不完善，绿色交通标准较为缺乏，统计监测等基础能力薄弱。

9 企业碳中和路径

9.1 "双碳"目标下企业的发展机遇与转型风险

9.1.1 "双碳"目标下企业的发展机遇

"双碳"目标下企业至少能遇到三个方面的机会。

（1）**新产业发展机遇**：现阶段国家将加快发展新一代信息技术、生物技术、新能源、新材料、高端装备、新能源汽车、绿色环保以及航空航天、海洋装备等战略性新兴产业。推动互联网、大数据、人工智能、第五代移动通信（5G）等新兴技术与绿色低碳产业深度融合。

（2）**低碳改造的机遇**：国家将大力推动节能减排，全面推进清洁生产，加快发展循环经济，加强资源综合利用。加快推进工业领域低碳工艺革新和数字化转型。持续深化工业、建筑、交通运输、公共机构等重点领域节能，深化可再生能源建筑应用，推进城镇既有建筑和市政基础设施节能改造等。

（3）**碳汇建设的机遇**：国家将实施生态保护修复重大工程，开展山水林田湖草沙体化保护和修复。推进大规模国土绿化行动，巩固退耕还林还草成果，实施森林质量精准提升工程，持续增加森林面积和蓄积量。加强草原生态保护修复，整体推进海洋生态系统保护和修复，提升红树林、海草床、盐沼等固碳能力。

9.1.2 "双碳"目标下企业的转型风险

当然，"双碳"战略也会给企业的绿色转型带来挑战。

（1）**政策层面**。目前，我国尚处在减碳的初期阶段。后续随着分地域、分行业政策措施的出台，政策要求将不断加码，企业将面临更严峻的政策压力。例如，碳排放配额制度的实行及碳排放权交易机制的建立将增加高排放、高能耗企业的排放成本，导致其利润下降，甚至出现亏损，引发财务风险。

碳达峰碳中和：技术、市场与管理

（2）**技术层面**。在低碳转型的过程中，企业面临着技术变革带来的不确定性。以交通运输业为例，发展新能源汽车、实现电气化、使用绿色电力是陆上交通业减排的主要路径，但是受到清洁能源、电池、储能、智能驾驶等诸多新技术的影响，未来的技术路径存在高度不确定性。

（3）**市场层面**。低碳转型有可能导致市场偏好转向，推动资金流入减缓和适应气候变化的领域。投资者会更青睐低碳、绿色行业，导致上下游行业企业资产价格波动。在消费端，有越来越多的消费者更愿意支持气候友好的可持续品牌，低碳消费品可能会抢占传统消费品的市场份额。

此外，"双碳"政策对实体企业的影响，也有可能传导给与它们有资金往来的金融机构，演变为金融体系的风险。

9.2　企业制定碳中和路径的策略

企业实现"双碳"的路径主要有三个方面：一是做"减法"，即降低碳排放；二是做"加法"，例如提高能源效率、使用清洁能源、优化工艺水平等；三是参与碳市场机制，主要包括碳排放权交易与碳金融。

9.3　ESG与"双碳"战略的关系

ESG是指从环境、社会和公司治理三个维度评估企业经营的可持续性与对社会价值观念的影响，是一种关注环境（Environment）、社会（Social）和治理（Governance）的非财务性企业评价体系，推动企业从单一追求自身利益最大化到追求社会价值最大化，也是推动企业可持续发展的系统方法论。

碳中和目标的提出，使得节能减排成为了企业宏观战略发展中的一部分。ESG可以有效综合衡量企业在应对气候变化和实现碳中和目标上的可持续发展能力，为企业自身碳中和目标的实现提供基础条件。将

ESG的发展理念融入企业规划并构建ESG组织管理体系，可以帮助企业在立足自身高质量发展的同时，满足各方利益相关者的期望与要求，共建共享可持续发展理念，以更明确的实施路径，更专业化和规范化的管理流程，深入践行ESG行动目标及气候变化相关的管理实践，实现企业碳中和的长远愿景。好的ESG披露可以让企业获得更多各方利益相关者的信任，更能让企业有机会拓宽融资渠道并降低融资成本，为达到碳中和目标提供更多资金支持。

9.4　企业管理碳资产的措施

国家对碳排放的限制导致排放权稀缺，因此排放配额、CCER就成为一种资产。管理好碳资产，对于控排企业特别是排放量巨大的集团公司而言，已成为提高企业经营质量以及控制财务风险的重要环节之一。控排企业可在以下方面进行碳资产管理。

（1）**摸清家底**。做好"测量、报告与核查"（Measurement，Reporting，Verification，MRV），通过碳排放数据统计和核查等基础性工作，深入了解自身的碳排放情况。

（2）**确定减排路径**。在摸清现状之后，通过对企业自身减排潜力、成本效益等测算，确定"开发减排项目降低排放"或者"购买排放配额或CCER"的减排策略，综合确定企业实施减排的重点或优先领域。

（3）**CCER开发和储备**。控排企业除了继续挖掘CCER项目的开发潜力，还可探索新的方法学、拓展减排项目领域。

（4）**实现碳资产增值**。一方面可以通过发展低碳技术等手段降低排放，另一方面也可以通过参与市场交易实现碳资产增值，如高抛低吸、波段等金融投资操作，或购买CCER置换配额。

9.5　企业、行业数字化对"双碳"目标的意义

实现"双碳"目标离不开数字化，在践行低碳发展时，要协同推动

数字化和绿色化，充分发挥科技创新的支撑作用和金融资本的赋能作用。一方面，数字科技可以助力城市生活提效减排。智慧城市融合城市管理和数字技术，通过数据管理优化城市运行，为居民带来便捷与高效的同时，实现碳排放的减少。另一方面，数字科技也将助力工业生产提效减排。在工业互联网支撑下，企业生产力和工作效率得到提升，同时让能源使用和碳排放有效减少，实现节能增效。

碳中和愿景下的应用发展趋势

从应用领域来看，低碳科学技术的发展趋势将围绕着"能源低碳化、生产去碳化、产业低碳化"三个方向创新发展。

（1）**产业低碳化**。低碳技术在新兴产业与传统产业中都会发挥重要作用。其将引导产业结构转向低碳产业为主体，新兴绿色产业、现代服务业将快速发展；而应用于传统产业的低碳技术，将着眼于节能减排、提升资源利用率，以助力传统行业低碳化发展。

（2）**生产去碳化**。生产端低碳技术将朝着"低成本化、低风险化"的趋势发展。以CCUS技术为例，未来技术发展将以实现碳捕捉的低成本化和碳封存的低风险化为重点研究方向。

（3）**能源低碳化**。一方面，为提升化石能源利用率，低碳技术将在现有技术基础上不断革新；另一方面，技术发展将着眼于新能源开发与利用，新能源种类不断被拓展，新能源的利用渠道不断拓宽、利用规模不断扩大。

第 3 篇
市场篇

本篇内容主要包括碳交易市场的顶层设计、制度框架以及碳排放核算、履约相关要求、全国碳排放交易系统交易操作指引、碳市场运行情况解读、CCER开发、"碳普惠"制度、绿电绿证交易、碳账户以及气候投融资等情况。

11 全国配额市场交易制度

11.1 《京都议定书》与碳交易市场制度的产生

《联合国气候变化框架公约》和《京都议定书》为全球碳交易市场制度的形成奠定了最基本的法律基础。通过制度强制性约束二氧化碳等温室气体的排放行为，在赋权基础上使碳排放权成为具有商品特征的产品，同时因其稀缺性、价值性等特征，碳交易的市场前提得以形成。

《京都议定书》首先设立了总量控制目标，在2008—2012年期间将发达国家的温室气体排放总量在1990年的基础上平均减少5.2%，同时不同的发达国家被分配了不同的目标。总量控制目标的确定对建立碳排放权交易市场至关重要，因为规定的总量决定了碳排放权在碳交易市场的稀缺程度。此外，《京都议定书》建立了旨在减排温室气体的三个碳排放权交易机制：国际排放交易机制（ET）、联合履行机制（JI）和清洁发展机制（CDM）。这些机制的设立，使碳交易市场有了可交易的产品。

同时，为了确保这三种机制正常运行，《京都议定书》明确了碳排放权这一产权的界定。因为只有产权被清晰地界定之后，交易各方才能力求降低交易费用，使资源配置到产出最大、成本最低的地方，从而达到资源的优化配置。国际排放交易机制是唯一以配额为基础的机制，而联合履行机制和清洁发展机制都是以项目为基础的。三种减排机制的核心便是明晰环境问题中所涉及的产权问题，而这才能实现合理的碳排放权交易。

由于《京都议定书》规定了全球碳总量控制目标，规定了各个国家的配额和强制性的碳减排额度，强制性碳减排市场的建立才有了法理基础。在总量控制制度和强制性碳减排市场的支撑下，碳价格逐渐与其稀缺性程度匹配。只有建立严格准确的总量控制制度和强制性碳减排市场制度，碳排放容量的稀缺程度才能在市场中得以充分体现。

11.2　全国碳交易市场的建立及基本构架体系

　　碳交易是温室气体排放权交易的统称，在《京都协议书》要求减排的6种温室气体中，二氧化碳为最大宗，因此，温室气体排放权交易以每吨二氧化碳当量为计算单位。在排放总量控制的前提下，包括二氧化碳在内的温室气体排放权成为一种稀缺资源，从而具备了商品属性。

　　碳排放权交易体系是指以控制温室气体排放为目的，以温室气体排放配额或温室气体减排信用为标的物所进行的市场交易体系。与传统的实物商品市场不同，碳市场看不见摸不着，是通过法律界定的、人为建立起来的政策性市场，其设计初衷是在特定范围内合理分配减排资源，降低温室气体减排的成本。

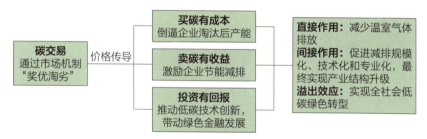

图11-1　碳交易价格传导机制

　　2016年10月27日，国务院印发的《"十三五"控制温室气体排放工作方案》强调建立全国碳排放权交易制度，启动运行全国碳排放权交易市场，出台《碳排放权交易管理条例》及有关实施细则，完善碳排放权交易法规体系。

　　2017年6月21日，国家发展改革委办公厅发布《关于印发"十三五"控制温室气体排放工作方案部门分工的通知》，再次明确和要求2017年启动全国碳排放权交易市场，到2020年力争建成全国碳排放权交易市场。

　　2017年12月，国家发展改革委印发的《全国碳排放权交易市场建设方案（发电行业）》强调建立碳排放权交易市场，通过市场机制深化生态文明体制改革，降低全社会减排成本，推动经济绿色低碳转型。

从2010年10月首次提出要建立和完善主要污染物和碳排放交易制度，到2020年12月强调抓紧制定2030年前碳排放达峰行动方案，在这十年间，我国不断开展碳排放权交易试点，为全国碳排放权交易体系建设奠定了基础。

2021年7月16日，全国碳排放权交易市场建成并开市交易。全国碳市场的构架体系包括基本框架、法律法规体系、主管机构、支撑系统和能力建设要求。基本框架中包含五个部分。

（1）**覆盖范围**：设定全国碳排放权交易市场每一个履约期间的配额总量，确定纳入全国碳排放权的受控制的温室气体、行业范围及企业对象；

（2）**配额管理**：规定配额分配方式，确定企业在履约期末缴清配额的方式以及对未能按时履约企业的处罚机制；

（3）**交易管理**：规定交易市场内的交易规则，以及对碳交易中风险产生的应对办法；

（4）MRV（**监测报告与核查**）：规范核算与报告要求，邀请第三方参与核查；

（5）**监管机制**：有效落实企业交易与履约的监督管理，确定各参与方的法律责任。

全国碳排放权交易市场的主管机构是生态环境部，各省级生态环境主管部门与市级生态环境主管部门也会参与进来。此外，有三个支撑系统协助全国碳市场的运营，包括全国碳排放数据报送系统、全国碳排放权注册登记系统、全国碳排放权交易系统。

11.3 全国碳交易市场交易制度框架

全国碳交易市场交易制度框架如图11-2所示。其中碳排放权交易管理办法（试行）、碳排放权登记管理规则（试行）、碳排放权交易管理规则（试行）、碳排放权结算管理规则（试行）、关于全国碳排放权交易事项的公告已发布。

碳达峰碳中和：技术、市场与管理

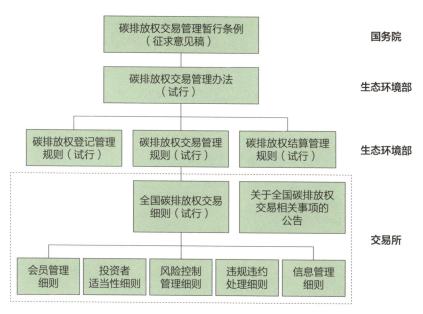

图11-2　全国碳交易市场交易制度框架

11.4　碳配额总量设定与配额分配制度

首先根据国家总体二氧化碳减排目标，将其分解落实到碳市场以及其他机制中。碳市场根据分配到的二氧化碳减排贡献，在确定了行业范围与重点排放企业之后，应当确认碳配额的分配方式，并根据相关规定确认全国交易体系（全国碳排放权交易市场）排放配额总量以及8个碳排放权交易试点排放配额。

在设定配额总量时，以电力行业为代表，省级生态环境主管部门根据本行政区域内重点排放单位2019—2020年的实际产出量以及《全国碳排放权交易市场建设方案（发电行业）》确定的配额分配方法及碳排放基准值，核定各重点排放单位的配额数量，将核定后的本行政区域内各重点排放单位配额数量进行加总，形成省级行政区域配额总量。将各省级行政区域配额总量加总，最终确定全国配额总量。其他行业参照此方法进行配额总量的确定，该方法是基于基准法自下向上地确定碳市场总量。

在分配配额时，全国碳排放权交易市场采用配额免费分配与配额有偿分配并行的制度。配额免费分配量可以采用基准法（某企业的免费配额数量等于其所处行业的行业基准乘以该企业当年生产量/服务量）或者历史强度法（企业的免费配额数量为其所处行业的行业基准乘以该企业当年生产量/服务量，并再乘以强度下降系数）。

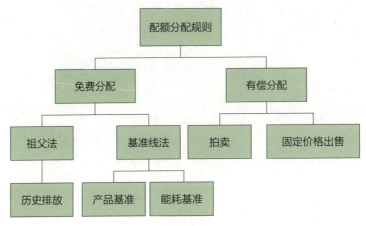

图11-3　碳排放配额分配方法

在未来，全国碳排放权交易市场会创新各种有偿分配方法，并逐步提高有偿分配的配额比例。目前为止，三个重点行业，即电力、水泥和电解铝行业的行业配额方案论证和技术指南已经完成编制并投入执行，未来其余九个重点行业的行业配额方案论证和技术指南编制也将逐步展开。

11.5　碳排放核查制度：标准、流程与企业应对

11.5.1　碳排放核算、报告与核查机制（MRV机制）

核算、报告与核查能够为利益相关方获取透明、准确、完整、一致、可比的碳排放数据提供保障，同时是支撑和保障全国碳排放权交易市场顺利运行的基础。国家主管部门、地方主管部门、重点排放企业以及认证核查机构均会不同程度地参与到排放核算、报告与核查工作中。

核算：重点排放单位对碳排放相关参数按照监测计划实施数据收集、统计与记录，并根据相关指南/规定的要求核算碳排放量。

报告：重点排放单位根据生产数据核算碳排放量，并按照主管部门要求完成碳排放报告、补充数据表和监测计划的编写。

核查：重点排放单位配合主管部门委托的第三方核查机构进行现场核查，并对核查后的碳排放数据和碳排放量进行确认。

11.5.2　企业参与核算、报告与核查需要参与的工作

在核算过程中，企业应当制定监测计划、实施监测活动、核算碳排放量；在报告过程中，企业应当编制排放报告并为此负主要责任，需将报告报送给地方主管部门；在第三方核查过程中，企业应当配合核查与复查、及时纠正核查中发现的问题。

11.5.3　核算与报告制度

（1）**核算与报告的依据**：《中国发电企业温室气体排放核算方法与报告指南（试行）》《2018年碳排放补充数据核算报告模板》（环办气候函〔2019〕71号附件2）、国家碳市场帮助平台。

（2）**核算与报告的工作流程**：参见图11-4。

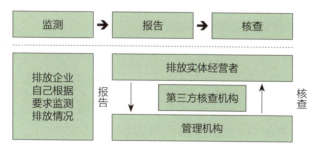

图11-4　核算与报告的工作流程

企业碳排放核算与报告的边界有企业法人边界和碳市场履约边界两种，其中核算报告应以企业法人边界为标准，报告的补充数据表可以选择以碳市场履约边界为准。

（3）**企业法人边界的确定**：发电企业温室气体排放核算边界应以企业法人为界，识别、核算和报告企业边界内所有生产系统设施产生的

温室气体排放，包括直接生产、辅助生产、为生产服务的附属生产。如报告主体除电力生产外还存在其他产品生产活动且存在温室气体排放，应参照相关行业企业温室气体排放核算和报告指南核算并报告，边界内生活耗能导致的排放原则上不核算。

（4）**核算和报告范围**：包括化石燃料燃烧产生的二氧化碳排放、工业过程的二氧化碳排放、企业净购入使用电力产生的二氧化碳排放。

（5）**碳市场履约边界的确定**：针对发电企业的发电机组进行补充数据报告可以采用这个边界。

1）核算与报告的要求。

a. 排放源的识别。包括化石燃料燃烧产生的二氧化碳排放、脱硫过程产生的二氧化碳排放、企业净购入使用电力产生的二氧化碳排放。

b. 企业法人边界的核算方法及数据获取。企业法人边界的碳排放核算总公式为

$$E_t = E_{燃烧} + E_{脱硫} + E_{电}$$

式中　E_t——二氧化碳的总排放量，t；

　　　$E_{燃烧}$——燃烧化石燃料（包括发电及其他排放源使用化石燃料）产生的二氧化碳排放量，t；

　　　$E_{脱硫}$——脱硫过程产生的二氧化碳排放量，t；

　　　$E_{电}$——购入使用电力产生的二氧化碳排放量，t。

化石燃料燃烧的二氧化碳排放计算公式为

$$E_{燃烧} = \sum_i (AD_i) \times (EF_i)$$

式中　i——化石燃料的种类；

　　　AD_i——第i种化石燃料活动水平，以热值表示，tJ；

　　　EF_i——第i种燃料的排放因子，t CO_2/ tJ。

活动水平AD_i的计算公式为

$$AD_i = FC_i \times NCV_i \times 10^{-6}$$

式中　FC_i——第i种化石燃料的消耗量（按照企业的消耗记录/流量连续记录以及购买记录等），t（10^3标准立方米）；

　　　NCV_i——第i种化石燃料平均低位发热值，kJ/kg（kJ/标准立方米）。

排放因子的计算公式为

$$EF_i = CC_i \times OF_i \times \frac{12}{44}$$

式中　CC_i——第i种化石燃料的单位热值含碳量，tC/tJ；

　　　　OF_i——第i种化石燃料的碳氧化率，%。

脱硫过程二氧化碳排放的计算公式：

$$E_{脱硫} = \sum_k (CAL_k) \times (EF_k)$$

式中　CAL_k——第k种脱硫剂中碳酸盐消耗量，t；

　　　　EF_k——第k种脱硫剂中碳酸盐的排放因子，t CO_2/t。

购入使用电力的二氧化碳排放计算公式为

$$E_{电力} = AD_{电力} \times EF_{电力}$$

式中　$AD_{电力}$——企业的购入电量，MWh；

　　　　$EF_{电力}$——电网平均排放因子，t CO_2/MWh。

$AD_{电力}$以发电企业电表记录的读数为准，如没有，可采用供应商提供的电费发票或者结算单等结算凭证上的数据；$EF_{电力}$采用国家主管部门最近年份公布的相应区域电网排放因子（2012年）进行计算。

2）报告的格式要求。企业碳排放报告应当按照图11-5所示模板进行编制，包括报告主体的模板、报告主体二氧化碳排放量数据表、报告主体活动水平记录表以及排放因子与参数表。在制订报告时，企业应该首先明确报告的内容包括企业年度排放报告、补充数据表、监测计划；然后企业确定报告的核算边界，可以选择企业法人边界（化石燃料燃烧、脱硫、外购电）或者履约边界（机组的化石燃料燃烧、外购电）；用于核算的关键数据主要为企业的活动水平数据（生产/服务数据）和燃料的排放因子，这些数据在取值时，如果缺乏实测值时，应当选择高限值。

3）碳排放报告的核查。

a. 核查的作用。对企业的碳排放报告进行核查，可以审核查验数据的真实性、准确性和可靠性。此外，这一步骤可以有效提高企业内部质量控制水平，保证数据以及相关披露信息的质量。这能促进市场投资者以及其他利益相关方对企业的信任，提升碳交易的公信力。

b. 核查的流程与要求。企业碳排放报告的核查流程如图11-6所示。

中国发电企业温室气体排放报告

报告主体（盖章）：

报告年度：

编制日期： 年 月 日

根据国家发展和改革委员会发布的《中国发电企业温室气体排放核算方法与报告指南（试行）》，本报告主体核算了_____年度温室气体排放量，并填写了相关数据表格。现将有关情况报告如下：

一、企业基本情况

二、温室气体排放

三、活动水平数据及来源说明

四、排放因子数据及来源说明

本报告真实、可靠，如报告中的信息与实际情况不符，本企业将承担相应的法律责任。

法人（签字）：

年 月 日

附表1 报告主体_____年二氧化碳排放量报告

企业二氧化碳排放总量（tCO₂）	
化石燃料燃烧排放量（tCO₂）	
脱硫过程排放量（tCO₂）	
净购入使用的电力排放量（tCO₂）	

附表2 报告主体排放活动水平数据

		净消耗量 （t、万Nm³）	低位发热量 （GJ/t、GJ/万Nm³）
化石燃料燃烧*1	燃煤		
	原油		
	燃料油		
	汽油		
	柴油		
	炼厂干气		
	其它石油制品		
	天然气		
	焦炉煤气		
	其它煤气		
脱硫过程*2		数据	单位
	脱硫剂消耗量		t
·净购入电力		数据	单位
	电力净购入量		MWh

*1 企业应自行添加未在表中列出但企业实际消耗的其他能源品种
*2 企业如使用多种脱硫剂，请自行添加。

附表3 报告主体排放因子和计算系数

		单位热值含碳量 （tC/GJ）	碳氧化率 （%）
化石燃料燃烧*1	燃煤		
	原油		
	燃料油		
	汽油		
	柴油		
	炼厂干气		
	其它石油制品		
	天然气		
	焦炉煤气		
	其它煤气		
脱硫过程*2		数据	单位
	脱硫过程的排放因子		tCO₂/t
净购入电力		数据	单位
	区域电网年平均供电排放因子		tCO₂/MWh

*1 企业应自行添加未在表中列出但企业实际消耗的其他能源品种
*2 企业如使用多种脱硫剂，请自行添加。

图11-5 企业碳排放报告的模板格式

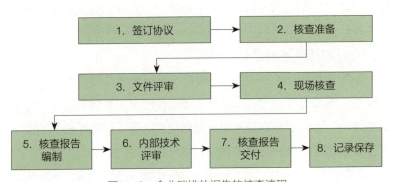

图11-6 企业碳排放报告的核查流程

在对企业碳排放报告进行核查的过程中，有六个方面应当关注。首先应当全面了解重点排放单位的基本情况，例如企业经营许可信息、所在行业的状况、对象单位在行业中的位置、相关经营状况等；然后核查企业核算边界、核算方法的选择是否合理，经营和排放因子数据的选取是否完整和准确，所有核算数据是否有相关文件或账单支持；接着考察企业的内部质量控制是否有保障，文件存档是否按时、完整、准确；最后还要查看企业的监测计划是否得到有效落实。

c. 核查实施与企业配合。

核查准备在核查的准备阶段，核查机构应当组成具有足够核查能力的小组，制订详细的核查计划，核查小组负责人应当积极与受核查企业对接交流；重点排放企业应当了解碳排放报告的核查流程，按要求准备资料清单并与核查机构确认核查流程，安排好迎审负责人及现场陪同人员。

文件评审核查机构应当快速全面了解企业的基本情况，查阅评审文件资料清单，确认现场访问的重点；重点排放单位应当清晰准确地回答核查机构文件评审中提出的问题，及时补充提供相关资料，如燃料低位发热值、单位热值含碳量检测报告及计算过程相应证据。

现场访问核查机构应当定时召开内部会议进行讨论，在每次会议后进行现场访问并逐一解决现阶段的疑点，再进行内部讨论；重点排放企业应当安排一定级别的人员参加核查单位的首次与末次会议，安排各核查分组的陪同人员并做好安全防范工作，提前告知数据及装置的保密性，受核查部门接受询问并提供对应证据、确认核查组的核查发现、了解现场核查后续工作安排，特别是不符合纠正的期限和验证方式。

核查报告编制核查单位应当根据核查指南要求编写核查报告；重点排放单位应当跟踪核查报告编写进展，按核查单位的要求补充证据材料，纠正核查机构开具的不符合并修改排放报告或调整内部质量控制程序，确认核查报告数据与排放报告的一致性。

内部技术评审核查机构应当对重点排放企业进行内部技术评审；重点排放单位应按核查机构要求进一步提供支持性文件或其他证据，必要时修改排放报告并确认排放报告和核查报告的一致性。

核查报告交付核查机构应当提交纸质盖章版及扫描版核查报告且核查报告盖章要求及送交主管部门时间等满足要求；重点排放单位的单位

法人边界排放报告及补充数据表排放报告签字与公章均应满足要求，单位应当注意报告提交时间和相关资料清单存档及可能的抽查或复查工作。

11.6 履约制度

11.6.1 履约的概念

履约，是指控排企业按照碳排放交易主管部门要求，提交不少于其上年度经核查碳排放量对应的排放配额或抵消量的程序。履约通常基于第三方审核机构对控排企业进行审核，将其实际二氧化碳排放量与所获得的配额进行比较，配额有剩余者可以出售配额获利或者留到下一年使用，超排企业则必须在市场上买配额或抵消。

在碳市场中，企业需要按照主管部门的规定来制订自己的监测计划，在规定时间内提交年度碳排放报告，在规定时间内按要求接受有资质的第三方机构核查与复查，并在履约期内完成配额清缴。

11.6.2 履约的意义

对于控排企业而言，履约能让其成为缓解温室效应、改善大气环境的践行者，在经济与财务上还能获得碳资产，增加收益并减小企业现金流的风险；违约则会让企业损失部分资产并带来更多现金流损失，从长期来看，还会恶化企业在各利益相关方的形象，对未来的项目投融资造成阻碍。

11.6.3 全国碳市场建设的履约制度要求

国家发展改革委于2014年12月发布的《碳排放权交易管理暂行办法》对全国碳排放权交易试点以及全国碳市场的履约制度进行了规定。包括企业在履约中的义务、监管部门在监督管理中的范围、对违约企业的行政处罚方式和信用管理体系的建设。

11.6.4 企业的义务

《碳排放权交易管理暂行办法》第二十五条规定重点排放单位应按

照国家标准或国务院碳交易主管部门公布的企业温室气体排放核算与报告指南的要求，制定排放监测计划并上报所在省、自治区、直辖市的省级碳交易主管部门备案。重点排放单位应严格按照经备案的监测计划实施监测活动。监测计划发生重大变更的，应及时向所在省、自治区、直辖市的省级碳交易主管部门提交变更申请。

第二十六条规定：重点排放单位应根据国家标准或国务院碳交易主管部门公布的企业温室气体排放核算与报告指南，以及经备案的排放监测计划，每年编制其上一年度的温室气体排放报告，由核查机构进行核查并出具核查报告后，在规定时间内向所在省、自治区、直辖市的省级碳交易主管部门提交排放报告和核查报告。

第三十一条规定：各重点排放单位每年应向所在省、自治区、直辖市的省级碳交易主管部门提交不少于其上年度经确认排放量的排放配额，履行上年度的配额清缴义务。

第三十二条规定：重点排放单位可按照有关规定，使用国家核证自愿减排量抵消其部分经确认的碳排放量。

11.6.5　监管部门的监督管理范围

《碳排放权交易管理暂行办法》的第三十七条明确规定了监管部门的行权范围，包括：辖区内重点排放单位的排放报告、核查报告报送情况，辖区内重点排放单位的配额清缴情况，辖区内重点排放单位和其他市场参与者的交易情况。

11.6.6　主要行政处罚手段

《碳排放权交易管理暂行办法》的第四十条与第四十一条规定了对违约企业的行政处罚方式。

如果重点排放单位未能遵守报告义务，包括虚报、瞒报或者拒绝履行排放报告义务、不按规定提交核查报告，省级碳交易主管部门责令限期改正，逾期未改的，依法给予行政处罚。逾期仍未改正的，由省级碳交易主管部门指派核查机构测算其排放量，并将该排放量作为其履行配额清缴义务的依据。

重点排放单位若未按时履行配额清缴义务，省级碳交易主管部门责令其履行配额清缴义务；逾期仍不履行配额清缴义务的，由所在省、自治区、直辖市的省级碳交易主管部门依法给予行政处罚。

11.6.7　建立信用管理体系

《碳排放权交易管理暂行办法》的第三十八条指出国务院碳交易主管部门和省级碳交易主管部门应建立重点排放单位、核查机构、交易机构和其他从业单位和人员参加碳排放交易的相关行为信用记录，并纳入相关的信用管理体系。第三十九条规定对于严重违法失信的碳排放权交易的参与机构和人员，国务院碳交易主管部门建立"黑名单"并依法予以曝光。

(12) 全国碳排放权交易系统交易操作指引

为实现全国碳排放权交易统一市场和统一价格，全国碳排放权交易系统按照"统一规则、统一系统、统一成交"的总体考虑开展设计建设，是全国碳排放权交易市场唯一的集中交易平台。在该交易系统中，当企业完成开户工作后，可使用交易系统专用客户端进行包括实时行情查询、买卖交易、出入资金、配额划转、用户信息管理等操作。该交易系统的交易机制包括挂牌协议交易、大宗协议交易和单向有偿竞价。

12.1 交易系统配额注册登记账户绑定

首先，重点排放企业应当完成配额注册登记系统账户开户，并向交易所提供配额注册登记系统账户信息及企业信息；然后企业在交易系统中绑定配额注册登记账户与交易账户，在绑定之前企业需要确认是否已在配额注册登记系统开立配额注册登记账户；最后收到配额注册登记系统绑定确认后完成绑定。

12.2 交易系统客户端介绍

交易客户端是一个提供全国碳排放权交易平台行情显示、行情分析、委托交易、资金划转和标的物持有量划转等功能的用户终端软件，满足国家对碳排放权交易的要求，实现全国碳排放权标的物的集中统一交易功能。客户端的主要功能包含用户信息管理、公告信息管理、交易行情分析、挂牌协议交易管理、大宗协议交易管理、单向竞价管理、资金管理、标的物持有量管理以及相关配套服务。图12-1展示了交易系统客户端的登录界面。

全国碳排放权交易系统客户端安装需要电脑系统为中文版Windows 7及以上版本，屏幕分辨率最低要求1280×1024。客户端运行后会在后

图12-1 全国碳排放权交易系统客户端登录界面

台启动自动更新检查，如果有新版本的客户端会自动进行版本下载并执行更新操作，完成后会显示登录界面。

成功登录后即进入客户端主界面及菜单栏，如图12-2所示。交易客户端主界面分为菜单栏（左侧）、快速访问栏（上部）、业务区（中部）和状态栏（右下角）。菜单栏可通过点击收起或展开，业务区域可同时展示市场行情和交易操作面板。

图12-2 交易系统客户端主界面及菜单栏

碳达峰碳中和：技术、市场与管理

12.3 查看行情

12.3.1 查看标的分时行情

在报价盘中选择标的物进行双击或键入【回车键】，即可进入相应标的物的分时行情界面。点击【分时】菜单也可快捷进入分时行情界面，滑动鼠标滑轮可切换标的物。图12-3（a）（b）分别展示了这两个操作。

（a）进入相应标的物的分时行情界面

（b）进入分时行情界面

图12-3　客户端查看标的物分时行情操作

12.3.2 查看K线图

点击【K线】菜单可快速进入K线图界面，滑动鼠标滑轮可切换标的物。在【分时】和【K线】界面，双击或键入【回车键】可自由切换这两个界面，键入【Esc】键返回报价盘界面。图12-4为交易系统客户端K线图查看操作。

图12-4　交易系统客户端K线图查看操作

12.4　系统交易操作

12.4.1　挂牌协议交易

挂牌协议交易是指交易主体通过交易系统提交卖出或买入挂牌申报，意向方对挂牌申报进行确认并成交的交易方式。挂牌交易的单笔买卖最大申报数量应当小于10万t。交易机构可根据市场情况调整挂牌协议交易单笔买卖最大申报数量，并报生态环境部备案。

在交易过程中，意向方查看实时挂单行情，以价格优先的原则，在对手方实时最优5个价位内以对手方价格为成交价依次选择，提交申报完成交易。同一价位有多个挂牌申报的，意向方可以选择任意对手方完成交易。成交数量即为意向方申报数量。

挂牌交易的开盘价格为当日挂牌协议交易第一笔成交价，而当日无成交时以上一个交易日收盘价为当日开盘价；收盘价当为日挂牌协议交易所有成交的加权平均价，若当日无成交时以上一个交易日的收盘价为当日收盘价。

（1）挂牌协议交易实行要求。

交易时段：9：30～11：30、13：00～15：00。

涨跌停限制：±10%，最小下单量1，最大下单量99999。

当日交易买入的配额不能当日卖出，最早T+1可卖出。

（2）挂牌协议交易操作。

1）挂牌委托。进行挂牌委托操作时，进入挂牌交易委托下单（买入、卖出）界面并选择标的物代码，输入在涨跌停价格之间的委托价格并输入委托数量。点击对应的【买入】或【卖出】按钮进行下单。操作界面如图12-5所示。

图12-5　挂牌交易委托操作

2）摘牌。在操作主界面中点击【市场】菜单，选择买方挂牌或卖方挂牌页面，点击摘牌。选择某一单或者某几单进行部分或全部摘牌，输入数量点击确定。此外还可以通过点击摘买或者摘卖菜单，在小框里输入一定的数量，实现一键摘买/摘卖。摘牌操作如图12-6所示。

3）撤单。执行撤单操作时，进入撤销挂牌界面。选择需要进行撤单的委托点击【撤单】按钮进行撤单。同时还可以使用【全选】【反选】【清空】功能快捷选择委托单，然后使用【撤买】【撤卖】【全撤】【撤单】功能快捷撤单。操作界面如图12-7所示。

4）相关查询。进入【挂牌交易-查询】菜单，可对当前用户的资金持仓、当日委托、当日成交、历史成交、历史委托进行查询。操作界面如图12-8所示。

图12-6　挂牌交易摘牌操作

图12-7　挂牌交易撤单操作

图12-8　挂牌交易相关操作信息查询

碳达峰碳中和：技术、市场与管理

12.4.2 大宗协议交易

大宗协议交易是指交易双方通过交易系统进行报价、询价达成一致意见并确认成交的交易方式。大宗交易的单笔买卖最小申报数量应当不小于10万t。交易机构可根据市场情况调整大宗协议交易单笔买卖最大申报数量，并报生态环境部备案。

进行大宗交易时，交易主体可发起买卖申报，或与已发起申报的交易对手方进行对话议价或直接点击申报申请与对手方成交。交易双方就交易产品、交易价格与交易数量等要素协商一致后确认成交。大宗协议交易的成交信息不纳入交易机构即时交易行情，成交量、成交额在交易结束后计入当日成交总量、成交总额。

（1）大宗协议交易实行要求。

交易时段：13:00～15:00。

涨跌停限制：涨停限制30%，跌停限制30%，最小下单量100,000。

当日交易买入的配额不能当日卖出，最早$T+1$可卖出。

（2）大宗协议交易操作。

1）报价。首先进入【大宗协议转让报价】界面，选择定向报价或者群组报价方式。然后选择标的物代码，输入在价格限制之间的报单价格和报单数量。选择定向用户或者群组用户，点击【提交】按钮进行下单。图12-9展示了大宗交易报价操作界面。

2）撤单。执行撤单操作需要进入大宗协议报价的报价查询界面，选择需要撤回的报价单，点击【撤回】进行撤单。操作界面如图12-10所示。

3）加入询价。询价方开始询价操作时需要进入大宗协议-【大宗协议询价】界面，选择询价查询页面。然后选择需要询价的报价单，点击【加入询价】。操作界面如图12-11所示。

4）询价方洽谈与出价。询价方选择已经加入询价的报价单，点击【洽谈】，进入协议洽谈界面。进入协议【洽谈】界面之后，询价方即可选择进行洽谈出价，亦可直接确认成交。询价方针对买方向的报价单进行洽谈时，出价金额不得大于报价单首次报价总金额（价格×数量）；询价方针对卖方向的报价单进行洽谈时，出价数量不得大于报价单首次

图12-9　大宗交易报价操作

图12-10　大宗交易撤单操作

图12-11　大宗交易加入询价操作

碳达峰碳中和：技术、市场与管理

报价数量。询价方洽谈与出价操作界面如图12-12所示。

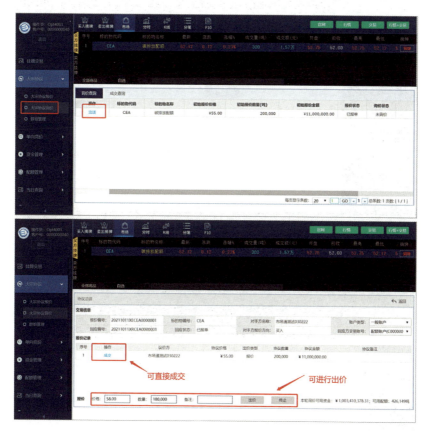

图12-12　大宗交易询价方洽谈与出价操作

5）报价方进入洽谈。报价方进入大宗协议-【大宗协议报价】，选择定向报价或群组报价页面，选择报价单点击【洽谈】，即可进入报价方协议洽谈页面。操作界面如图12-13所示。

6）报价方洽谈。报价方进入协议【洽谈】界面，此时即可选择【出价】进行议价，亦可直接选择【确认成交】。定向报价只有一个询价方，群组报价可以有多个询价方；无论几个询价方，最终只能选择与一个询价方成交。定向报价只需一方成交确认，即可成交；群组报价需双方成交确认方可成交。图12-14为报价方洽谈操作界面。

图12-13　大宗交易报价方进入洽谈操作

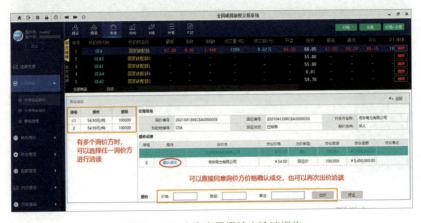

图12-14　大宗交易报价方洽谈操作

7）群组管理。进行群组管理操作时，交易方进入群组管理界面点击【添加】按钮进行添加群组选择群组。点击【修改】【删除】即可对群组进行修改和删除选择群组，点击【编辑成员】即可对群组内的客户进行编辑。需要注意的是，编辑群组内的客户，只会对之后的群组报价生效；编辑之前的群组报价，仍旧使用原来的群组客户。图12-15为群组管理的操作界面。

8）信息查询。大宗协议交易的信息查询可以通过在报价方的定向、群组报价页面找到对应的【报价查询】【成交查询】页面，进行相

碳达峰碳中和：技术、市场与管理

应的查询操作。询价方在询价界面中的【询价查询】【成交查询】页面，可进行相应的查询操作。图12-16展示了信息查询操作界面。

图12-15　大宗交易群组管理操作

（a）报价方

操作	标的物代码	标的物名称	初始报价价格	初始报价数量(吨)	初始报价金额	报价状态	询价状态
加入询价	CEA	国家碳配额	¥65.00	100,000	¥6,500,000.00	已报单	未询价
洽谈	CEA	国家碳配额	¥47.00	110,000	¥5,170,000.00	已报单	已报单
洽谈查询	CEA	国家碳配额	¥47.00	150,000	¥7,050,000.00	已数单	已数单

（b）询价方

图12-16　报价方、询价方信息查询操作界面

12.4.3　单项竞价

　　根据市场发展情况，交易系统目前已经提供单向竞买功能。交易主体向交易机构提出卖出申请，交易机构发布竞价公告，符合条件的意向受让方按照规定报价，在约定时间内通过交易系统成交。交易机构根据主管部门要求，组织开展配额有偿发放，适用单向竞价相关业务规定。单向竞价相关业务规定由交易机构另行公告。

12.4.4　资金管理

（1）**入金/出金**。只有绑定银行卡以后，参与者才能进行出入金操作。未设置支付密码时，支付密码输入框右边会有【设置】按钮，设置完成支付密码后方可进行出入金操作。当日交易卖出的货款，不能当日出金。入金出金均是$T+1$日到账；当日交易卖出的所得资金当日可用于交易，但是最早$T+1$日才可转出。操作界面如图12-17所示。

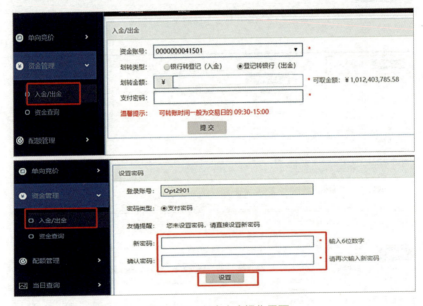

图12-17　入金出金操作界面

（2）**资金查询**。需要查询账户资金情况时，进入资金管理-【资金查询】界面，选择进入【资金账户】→【出入金流水】→【资金交易流水】→【出入金申请流水】中的任一界面进行相应资金信息的查询操作。操作界面如图12-18所示。

12.4.5　配额管理

（1）**转入/转出操作**。在客户成功绑定注册登记系统登记账户以后，交易系统会生成一个配额账户用于交易。客户要进行配额的转入

碳达峰碳中和：技术、市场与管理

图12-18　账户资金查询操作界面

或转出操作时，需要进入配额管理–【转入/转出】界面，选择配额登记账户、标的物代码、划转方向，输入划转数量，最终点击【提交】按钮。需要注意的是配额的转入、转出操作需T+1日生效，且系统交易过程中使用的配额均是交易科目中的配额。配额转入/转出操作界面如图12-19所示。

图12-19　配额转入/转出操作界面

（2）**配额查询**。需要查询账户配额情况时，客户需要进入配额管理-【配额查询】界面，选择进入【交易科目】→【管理科目】→【转入转出流水】→【配额交易流水】中的任一界面进行相应配额信息的查询操作。操作界面如图12-20所示。

图12-20　配额查询操作界面

12.4.6　用户信息管理

客户端用户信息管理功能提供修改登录密码、支付密码、用户基本信息查看、用户信息修改等功能。客户需要修改操作密码时应进入用户信息管理-【修改登录密码】或【修改支付密码】界面，再输入原始密码、新密码，并确认密码正确一致后点击【修改】按钮。操作界面如图12-21所示。

12.4.7　其他操作

（1）**日终报表**。当日日终清算完成以后，交易者可以查看当日的日终报表。在查看日终报表时，应进入日终报表-【日终报表查询】界面，可以查询客户每个交易日的日终报表。选择交易日，点击【查询】按钮，查询所选交易日的日终报表。查询到的日终报表均可以下载、打印。操作界面如图12-22所示。

碳达峰碳中和：技术、市场与管理

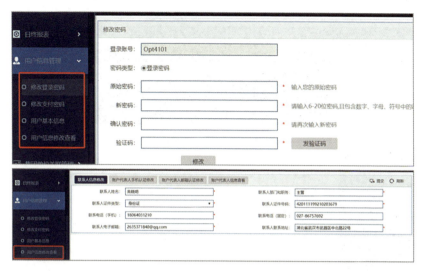

图12-21　用户信息管理查看及密码修改操作界面

图12-22　日终报表查看操作界面

（2）**当日查询**。查询当日各种操作信息，进入当日查询-【当日委托查询】界面，可以查询当日的挂牌协议交易、大宗协议、单向竞价的委托信息；进入当日查询-【当日成交查询】界面，可以查询当日的挂牌协议交易、大宗协议、单向竞价的成交信息。操作界面如图12-23所示。

图12-23　当日操作查询操作界面

（3）**历史查询**。查询历史操作需要进入【历史查询】菜单，可以分别查询挂牌交易、大宗协议、单向竞价、资金、配额的历史委托、成交、业务流水等信息。具体操作界面如图12-24所示。

图12-24　历史信息查询界面

碳达峰碳中和：技术、市场与管理

13 碳市场交易规则及市场运行分析

13.1 碳排放权市场交易规则构成

碳排放权交易规则，是指对碳排放权交易本身及其实施全过程进行约束的规范、法律、政策等。具体包括规定碳排放权交易实施基础的法律法规、碳排放权配额交易法律法规、数据收集相关法律法规、排放交易拍卖相关法律法规、配额分配相关法律法规、排放交易成本相关法律法规、抵消机制相关法律法规、核证机构认证指南等。

13.2 碳排放权市场交易规则的构成重点及特点

确立碳排放权交易机制的法律规定非常重要，尤其是在以下方面：

（1）**界定参与排放交易相关主体对应的权利和责任**。随着未来的市场建设和发展，对于登记和交易机构主体、参与主体而言，都要明确自己权责，以防产生重大法律风险。同时，由于碳排放权交易涉及行政机关的监管，所以在不同主体之间可能产生不同性质的法律行为。例如，规定控排企业在监控和报告数据方面的要求、在各个规定期间可用配额的数量、违约行政惩罚条款等，以及关于配额的法律性质、分配、转让和交易的程序要求，包括合同和债务方面。此外，为避免欺诈和滥用，也需要对市场交易主体进行管理，例如：对从事配额交易的金融服务机构，形成前置性要求和限制，以防产生交易风险。

（2）**界定公共部门的权力和职责**。特别是确立主管部门的运作程序规则，以及在日常运作中适用的实质或重大规范、原则和目标。除了设定排放限额和分配流程等碳排放权交易体系相关的权威机构外，还需要其他体制结构来进行注册平台的创建和运作、市场交易和交流的监管，安装平台的监控和认证。如前所述，一些功能可能授权给相关的民间或社会部门，如独立认证机构，但是他们的运作条件需要清晰严格的定义。尽管许多任务会授权现有机构完成，但对于无法通过现有机构执行的任务，还需要新增行政和体制结构，由此将带来财务和人员等方面的挑战。

（3）避免"监管真空"。碳排放权交易体系不能存在规范真空，需要按照国际、区域或国内法律不断完善，使其遵守重大规则和原则。这种完善和遵守可能涉及国家内部甚至国际在管制方面的分歧和冲突，造成规范制定上的困难与混淆，因而需要严肃对待。

全国碳市场制度框架的建设借鉴了国内金融市场制度建设的经验，但由于碳市场政策式的本质起源，其总体特点与金融市场有一定差异：一是，交易规则为主，搭配相关配套细则；二是，明确交易流程，在《碳排放权交易管理办法（试行）》的基础上出台《全国碳排放权交易细则》及相关业务细则；三是，风险控制规则的重视程度较高。

13.3　碳排放权市场交易体系概述

在设定好排放总量、确定覆盖范围及分配排放配额后，超额排放的主体需要到市场上购买配额以完成排放不超标的履约任务，否则将面临罚款等行政法律责任；而有多余配额的受监管主体则可以出售配额而获得收益及现金流。因而在超额排放与持有多余配额的市场主体之间产生直接的排放权交易需求。为保障大量排放权交易顺利、高效地进行，需要建立有效的交易标的识别、交易促成及结算系统。交易环节通常包括三个系统，即注册登记系统、交易系统和结算系统。这三个系统可以分立存在，也可以集合在一个平台上。

13.3.1　注册登记系统

注册登记系统承担着碳配额的在线储备功能，负责记录碳配额的持有、履约提交、注销等情况，一般由政府主管部门负责监督管理。注册登记系统的效率、安全以及是否与交易平台匹配，是一个排放交易体系能否有效发挥经济功能的硬件基础，也是衡量该排放交易市场是否成熟的重要标志。

13.3.2 交易系统

交易系统促成碳配额在不同交易账户之间的买卖和流转，一般由交易所监管管理。除了可供各实体从政府手中通过拍卖直接购买碳排放配额的一级市场之外，还存在旨在提供上述实体互相出售这些碳排放交易品种的二级市场。

13.3.3 结算系统

结算系统用于处理交易标的交割和相应资金转移，该系统会直接与电子银行系统连接。目前全国碳市场的结算系统与注册登记系统集合在同一个平台上，统称为注册登记结算系统。碳排放权交易体系的总体框架如图13-1所示。

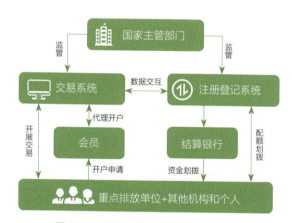

图13-1　碳排放权交易体系的总体框架

13.4 碳排放权市场交易体系核心政策

我国碳排放权交易体系的建立与实施主要依照《碳排放权交易管理办法（试行）》《碳排放权交易管理暂行条例》《碳排放权交易管理办法（试行）》《碳排放权交易管理规则（试行）》及《关于全国碳排放权交易相关事项的公告》。这些政策规定了我国碳排放权交易体系的主体、交易方式、市场管理相关规定、排放单位的确定、碳排放权的分配、排放核查与清缴、管理与处罚等。

13.4.1 《碳排放权交易管理办法（试行）》

生态环境部于2020年12月31日公布《碳排放权交易管理办法（试行）》（部令第19号），自2021年2月1日起施行。《碳排放权交易管理办法（试行）》规范了全国碳排放权交易及相关活动，规定了各级生态环境主管部门和市场参与主体的责任、权利和义务，以及全国碳市场运行的关键环节和工作要求，进一步加强了对温室气体排放的控制和管理，为新形势下加快推进全国碳市场建设提供了更加有力的法制保障。

13.4.2 《碳排放权交易管理暂行条例》

2021年3月30日，生态环境部办公厅起草了《碳排放权交易管理暂行条例（草案修改稿）》，并公开征集意见。《碳排放权交易管理暂行条例》是为了规范碳排放权交易，加强对温室气体排放的控制和管理，推动实现二氧化碳排放达峰目标和碳中和愿景，促进经济社会发展向绿色低碳转型，推进生态文明建设而制定的条例。在该条例中，明确界定了交易主体，交易方式与市场管理的相关制度也得到建立。

13.4.3 其他规范性文件

2021年5月17日，生态环境部正式发布并公开《碳排放权登记管理规则（试行）》《碳排放权交易管理规则（试行）》和《碳排放权结算管理规则（试行）》。其中，《碳排放权交易管理办法（试行）》已于2020年12月25日由生态环境部部务会议审议通过，自2021年2月1日起施行。三项规则旨在进一步规范全国碳排放权登记、交易、结算活动，保障全国碳排放权交易市场各参与方合法权益。

13.4.4 关于全国碳排放权交易相关事项的公告

为规范全国碳排放权交易及相关活动，保护各方交易主体的合法权益，维护交易市场秩序，根据《碳排放权交易管理办法（试行）》

碳达峰碳中和：技术、市场与管理

《碳排放权交易管理规则（试行）》以及国家有关法律、法规、规章和规范性文件的规定，上海环境能源交易所于2021年6月22日发布《关于全国碳排放权交易相关事项的公告》（沪环境交〔2021〕34号），进一步规范了全国碳排放权交易及相关活动。

13.5 碳排放权市场交易体系各项制度规定

目前，我国碳排放权市场交易体系的各项制度均出自《碳排放权交易管理办法（试行）》《碳排放权交易管理暂行条例》《碳排放权交易管理办法（试行）》《碳排放权交易管理规则（试行）》及《关于全国碳排放权交易相关事项的公告》等政策。本节将梳理这些政策中建立、确定的碳排放权交易体系重要制度规定。

13.5.1 交易主体

全国碳排放权交易市场的主体包括重点排放单位以及符合国家有关交易规则的其他机构和个人。除此之外，各级生态环境主管部门、全国碳排放权注册登记机构、全国碳排放权交易机构、核查技术服务机构及其工作人员不得持有、买卖碳排放配额，已持有碳排放配额的，应当依法予以转让。

全国碳排放权交易市场第一个履约周期已于2021年1月1日正式启动，并于2021年7月形成了全国统一碳市场。全国碳排放权交易市场分阶段进行，逐步扩大覆盖的行业和门槛标准，以保证碳排放权交易市场实施效果的长期有效性。

现阶段，只有电力行业一个部门纳入了碳市场，根据《关于切实做好全国碳排放权交易市场启动有关准备工作的通知》，全国碳排放权交易市场在未来拟纳入石化、化工、建材、钢铁、有色、造纸、电力、航空八大行业，包括了原油加工、乙烯、电石、合成氨、甲醇、水泥熟料、平板玻璃、粗钢、电解铝、铜冶炼、纸浆制造、机制纸和纸板、纯发电、热电联产、电网、航空旅客运输、航空货物运输、机场等18个行业子类。碳排放权交易拟覆盖行业及代码如表13-1所示。

表13-1　碳排放权交易覆盖行业及代码 [1]

行业	行业代码	行业子类（主营产品统计代码）
石化	2511 2614	原油加工（2501） 乙烯（2602010201）
化工	2619 2621	电石（2601220101） 合成氨（260401） 甲醇（2602090101）
建材	3011 3041	水泥熟料（310101） 平板玻璃（311101）
钢铁	3120	粗钢（3206）
有色	3216 3211	电解铝（3316039900） 铜冶炼（3311）
造纸	2211 2212 2221	纸浆制造（2201） 机制纸和纸板（2202）
电力	4411 4420	纯发电 热电联产 电网
航空	5611 5612 5631	航空旅客运输 航空货物运输 机场

按照通知要求，经国务院生态环境主管部门批准，省级生态环境主管部门可适当扩大碳排放权交易的行业覆盖范围，增加纳入碳排放权交易的重点排放单位。这也意味着未来会有更多的控排企业进入市场。企业一方面要承受碳排放超标的压力，另一方面需要寻求有效的碳减排路径来达成碳减排目标。

13.5.2　会员制度

会员，即交易机构的会员，会员分为自营类会员、综合类会员和特别会员。自营类会员仅限开展自营业务。综合类会员可以从事自营、客户服务、代理开户或代理交易业务。特别会员为交易所认可的从事客户

---

[1] 统计代码说明：行业代码来源：国家统计局，国民经济行业分类（GB/T 4754—2011），http://www.stats.gov.cn/tjsj/tjbz/hyflbz/。产品统计代码来源，国家统计局，统计用产品分类目录，http://www.stats.gov.cn/tjsj/tjbz/tjypflml/。除上述行业子类中已纳入企业外，其他企业自备电厂按照发电行业纳入。

服务与管理的其他机构。交易主体可作为交易机构的会员或客户参与交易。

13.5.3　交易要素

（1）**交易产品**。碳排放权交易体系中的交易产品包括碳排放配额，以及根据国家有关规定适时增加其他交易产品。

（2）**交易时间**。

挂牌协议交易：一般为工作日9：30—11：30；13：00—15：00。

大宗协议交易：一般为工作日13：00—15：00。

单向竞价：另行公告。

13.5.4　交易账户

对于每一个参与碳排放权交易体系的客户都须持有三个账户，分别是：在交易机构开通的交易账户，在注册登记机构开通的登记账户，在结算银行开通的资金账户。全国配额交易、CCER交易以及地方配额交易的三个账户开户机构要求如表13-2所示。

表13-2　交易账户、登记账户和资金账户开户机构要求

业务类型	交易账户	登记账户	资金账户
全国配额交易	全国碳排放权交易系统（上海）	全国碳排放权注册登记系统（武汉）	根据全国碳排放权注册登记机构要求办理
CCER交易	9个地方交易所（上海、北京、天津、重庆、湖北、广东、深圳、福建、四川）任意选择	国家自愿减排和排放权交易注册登记系统	根据地方交易所要求办理
地方配额交易	8个地方交易所任意选择（四川无配额交易）	各地方注册登记机构	根据地方交易所要求办理

每个交易主体只能开设一个交易账户，可以根据业务需要申请多个操作员和相应的账户操作权限。交易账户下发生的一切活动均视为交易主体自身行为，因此，规定交易主体承担交易账户下所有活动相应的法律责任。

13.5.5 交易场所

全国碳排放权交易机构负责组织开展全国碳排放权集中统一交易。根据生态环境部的相关规定，全国碳排放权交易机构成立前，由上海环境能源交易所股份有限公司承担全国碳排放权交易系统账户开立和运行维护等具体工作。

13.5.6 登记要求

以下行为均需要交易主体到相应的机构进行登记。

（1）**交易登记**：注册登记机构应当根据交易机构提供的成交结果，办理交易登记。

（2）**清缴登记**：根据省级生态环境主管部门提供的碳排放配额清缴结果办理清缴登记。

（3）**自愿注销登记**：登记主体出于减少温室气体排放等公益目的自愿注销其所持有的碳排放配额，注册登记机构应当为其办理变更登记。

（4）**特殊情形变更登记**：法人合并、分立，或者因解散、破产、被依法责令关闭等原因丧失法人资格。

（5）**司法冻结与划扣**：配合司法部门，对登记主体被冻结、划扣部分的碳排放配额进行核验，配合办理变更登记并公告。

13.5.7 交易方式

碳排放权交易应当通过全国碳排放权交易系统进行，可以采取协议转让、单向竞价或者其他符合规定的方式。全国碳排放权交易系统各种交易方式的具体操作详见本书12.全国碳排放权交易系统交易操作指引。交易方式分类如图13-2所示。

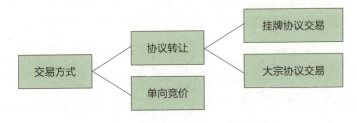

图13-2　全国碳排放权交易系统交易方式

碳达峰碳中和：技术、市场与管理

（1）**挂牌协议交易**。挂牌协议交易是指交易主体通过交易系统提交卖出或买入挂牌申报，意向方对挂牌申报进行协商并确认成交的交易方式。挂牌协议交易有交易数量上限，即单笔买卖最大申报数量应当小于10万t。

当挂牌协议交易成交时，意向方查看实时挂单行情，以价格优先的原则，在对手方实时最优5个价位内以对手方价格为成交价依次选择，提交申报完成交易。同一价位有多个挂牌申报的，意向方可以选择任意对手方完成交易。成交数量为意向方申报数量。

（2）**大宗协议交易**。大宗协议交易是指交易双方通过交易系统进行报价、询价达成一致意见并确认成交的交易方式。挂牌协议交易有交易数量下限，即单笔买卖最大申报数量应当小于10万t。

当一笔大宗协议交易成交时，交易主体可发起买卖申报，或与已发起申报的交易对手方进行对话议价或直接点击申报申请与对手方成交。交易双方就交易品种、交易价格与交易数量等要素协商一致后确认成交。

（3）**单项竞价**。单向竞价是指交易主体向交易机构提出卖出或买入申请，交易机构发布竞价公告，预先公布交易产品种类和数量、竞价参与方资格条件、交易时间、成交原则等单向竞价有关交易信息，符合资格条件的竞价参与方在约定时间内通过交易系统报价并确认成交的单向交易方式。单项竞价交易时具体流程为：

- 委托方将单向竞价标的信息发送至交易机构。
- 交易机构根据竞价标的信息制作并发布公告。
- 交易机构根据公告组织单向竞价。
- 单向竞价结束后，交易机构将单向竞价结果发送至委托方。

需要注意的是单项竞价成交的信息不纳入交易所即时行情。单项竞价的成交量、成交额在交易结束后计入当日成交总量、成交总额。

13.5.8 交易流程

在碳排放权交易系统中，整个交易流程为：

（1）**全额申报**。卖出交易产品的数量，不超过交易账户内可交易数量；买入交易产品的资金，不超过交易账户内可用资金。

（2）**申报指令生效与撤销。** 买卖申报被交易系统接受后即刻生效，相应的资金和交易产品即被锁定，未成交的买卖申报可以撤销。

（3）**交易达成。** 达成的交易于成立时生效，买卖双方应当承认交易结果，履行清算交收义务。成交结果则以交易系统记录的成交数据为准。

（4）**交付时间。** 已买入的交易产品当日内不得再次卖出，卖出交易产品的资金可以用于该交易日内的交易。

（5）**交易清算交收。** 注册登记机构根据交易机构提供的成交结果按规定办理。

13.5.9 结算

在当日交易结束后，注册登记机构应当根据交易系统的成交结果，按照货银对付的原则，以每个交易主体为结算单位，通过注册登记系统进行碳排放配额与资金的逐笔全额清算和统一交收。整个结算流程如图13-3所示。

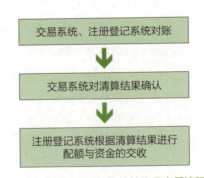

图13-3 注册登记机构结算当日交易流程

13.5.10 各项管理制度

（1）**信息管理。** 对碳排放权交易信息管理的规定来自《关于全国碳排放权交易信息发布的公告》。

《公告》规定在全国碳排放权交易机构成立前，全国碳排放权交易信息由上海环境能源交易所股份有限公司进行发布和监督。除生态环境部公开的全国碳排放权交易信息外，未经交易机构同意，其他任何机构和个人不得擅自发布碳排放配额（CEA）交易行情等公开信息，如需转载需注明出处。擅自发布、转载未注明出处或转载非交易机构发布的全国碳排放权交易信息的机构或个人，交易机构有权依法追究其法律责任。

关于信息发布，交易机构在每个交易日通过官方网站（www.cneeex.com）、微信公众号"全国碳交易"发布碳排放配额（CEA）交易行情等公开信息，包括成交数量、成交金额、开盘价、最高成交价格、最低成交价格、收盘价、涨跌幅、成交均价等碳排放配额交易相关信息。

（2）**风险管理。**全国碳排放权交易体系的风险管理制度有以下内容：

1）涨跌幅限制制度：挂牌协议交易±10%，大宗协议交易±30%；

2）最大持仓量限制制度：交易产品数量不得超过交易机构规定的限额；

3）大户报告制度：持有量达到交易所规定的最大持有量限额的80%；

4）风险警示制度：交易机构认为必要的，可以采取要求交易主体报告情况、发布书面警示和风险警示公告、限制交易等措施；

5）异常交易监控制度：会员或客户有异常交易行为的，交易所有权对相关会员或客户采取限制资金，限制交易产品的划转、交易，限制相关账户使用等措施；

6）风险准备金制度：用于为维护碳排放交易市场正常运转提供财务担保和弥补不可预见风险带来的亏损的资金；

7）异常情况处理：因不可抗力、不可归责于交易机构的重大技术故障等原因导致部分或者全部交易无法正常进行的，交易机构可以采取暂停交易措施。导致暂停交易的原因消除后，交易机构应当及时恢复交易。

（3）**监督管理。**相关部门的监管行为主要包括以下内容。

1）生态环境部对交易机构和交易活动的监督管理：可以采取询问交易机构及其从业人员、查阅和复制与交易活动有关的信息资料以及法律法规规定的其他措施。

2）禁止内幕交易：禁止内幕信息的知情人、非法获取内幕信息的人员利用内幕信息从事全国碳排放权交易活动。

3）禁止操纵市场：禁止任何机构和个人通过直接或者间接的方法操纵或者扰乱全国碳排放权交易市场秩序，严禁妨碍或者有损公正交易的行为。因为上述原因造成严重后果的交易，交易机构可以采取适当措施并公告。

4）实时监控、风险控制：交易机构对全国碳排放权交易进行实时监控和风险控制，监控内容主要包括交易主体的交易及其相关活动的异常业务行为，以及可能造成市场风险的全国碳排放权交易行为。

（4）**违规违约管理**。在碳排放权交易中，违规违约行为可以概括为以下几种。

1）违反交易管理行为：私下将账户借给他人使用，窃取其他会员或客户成交量、成交金额等商业秘密或者破坏交易系统，涂改、伪造、买卖各种凭证或审批文件，假借交易之名从事非法活动等；

2）异常交易行为：以自己为交易对象，大量或者多次进行自买自卖，大额申报、连续申报、密集申报或者申报价格明显偏离申报时的最新成交价格，大量或者多次申报并撤销申报，大量或者多次进行高买低卖交易，通过计算机程序自动批量下单、快速下单等；

3）违反风控规定行为：违反最大持有量限制制度有关要求，未按照规定履行大户报告义务，违反风险警示制度有关要求等；

4）违反信息管理规定行为：发布虚假的或者带有误导性质的信息，未经交易所许可擅自发布、使用和传播交易信息，擅自出售、转接交易信息等。

针对违规违约企业，一共有五个等级的措施对这类企业进行处理，严重程度从低到高分别为：谈话提醒、书面警示、通报批评、暂停或限制其账户交易、取消交易资格。

13.5.11　争议处置

根据生态环境部《碳排放权交易管理规则（试行）》的规定，交易机构与交易主体之间发生有关全国碳排放权交易的纠纷，可以自行协商解决，也可以依法向仲裁机构申请仲裁或者向人民法院提起诉讼。

碳达峰碳中和：技术、市场与管理

交易机构和交易主体，或者交易主体间发生交易纠纷的，当事人均应当记录有关情况，以备查阅。交易纠纷影响正常交易的，交易机构应当及时采取止损措施。而交易主体之间发生纠纷时，可以申请交易机构充当调解人。申请交易机构调解的当事人，应当提出书面调解申请。交易机构的调解意见，经当事人确认并在调解意见书上签章后生效。

13.5.12　处罚规定

在全国碳排放权交易市场中，如果重点排放单位有以下两种行为中至少一种的，将会面临生态环境主管部门相应等级的处罚。

（1）如果重点排放单位虚报、瞒报温室气体排放报告，或者拒绝履行温室气体排放报告义务。设区的市级以上地方生态环境主管部门责令限期改正，处一万元以上三万元以下的罚款；逾期未改正的，省级生态环境主管部门测算其温室气体实际排放量，并将该排放量作为碳排放配额清缴的依据；对虚报、瞒报部分，等量核减其下一年度碳排放配额。

（2）如果重点排放单位未按时足额清缴碳排放配额。设区的市级以上地方生态环境主管部门责令限期改正，处二万元以上三万元以下的罚款；逾期未改正的，对欠缴部分，由重点排放单位生产经营场所所在地的省级生态环境主管部门等量核减其下一年度碳排放配额。

13.6　全国碳市场第一年运行情况

2021年7月16日—2022年7月15日，全国碳市场共运行52周、242个交易日，累计参与交易的企业数量超过重点排放单位总数的一半。碳排放配额（CEA）累计成交量1.94亿t，累计成交金额84.92亿元。其中，挂牌协议交易成交量3259.28万t，成交额15.56亿元；大宗协议交易成交量1.61亿t，成交额69.36亿元。第一年全国碳排放权交易市场总体运行情况如图13-4所示。

13.6.1　成交量

自2021年7月16日开市以来，全国碳市场每个交易日均有成交产

图13-4 全国碳排放权交易市场总体运行情况

生，且交易量随履约周期变化明显。启动当天成交量即超410万t，首日效应过后交易热度逐步减弱。到第一个履约期前（2021年12月31日）成交量显著提升，11月、12月总成交量1.59亿t。首个履约期结束后，市场总体交易意愿下降，成交量明显回落。第一年成交量随时间变化如图13-5所示。

图13-5 全国碳排放权市场成交量随时间变化

13.6.2 成交金额

全国碳市场开市以来，累计成交金额84.92亿元，其中挂牌协议交易成交额15.56亿元，占总成交额的18%；大宗协议交易总成交额69.36亿元，占总成交额的82%。第一年碳排放权交易市场成交金额月度情况如图13-6所示。

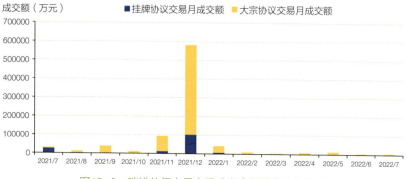

图13-6　碳排放权交易市场成交金额月度变化情况

13.6.3　成交价格

在第一年里，挂牌协议交易与大宗协议交易价格都经历了较大波动，而且波动的趋势具有一定相似性。但是两种交易价格变化情况仍有许多不同之处。

（1）挂牌协议交易。 全国碳市场以48.00元/t的价格开盘，挂牌协议交易单笔成交价在38.50～62.29元/t之间，每日收盘价在41.46～61.38元/t之间。2022年7月15日收盘价58.24元/t，较启动首日开盘价上涨21.33%。挂牌协议交易年内价格变化如图13-7所示。

图13-7　挂牌协议交易年内价格随时间变化曲线图

（2）**大宗协议交易。** 大宗协议交易单日成交均价在30.21～61.20元/t之间，开市以来的成交均价为42.97元/t。大宗协议交易年内价格变化如图13-8所示。

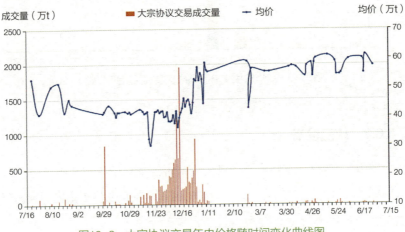

图13-8　大宗协议交易年内价格随时间变化曲线图

14 国家核证自愿减排量（CCER）开发

14.1 CCER的定义

温室气体自愿减排项目（CCER）是指企业开发的、可以产生国家核证自愿减排量（China Certified Emission Reduction，CCER）的项目。根据生态环境部2020年12月31日公布的《碳排放权交易管理办法（试行）》（生态环境部令第19号），国家核证自愿减排量（CCER）是指对我国境内可再生能源、林业碳汇、甲烷利用等项目的温室气体减排效果进行量化核证，并在国家温室气体自愿减排交易注册登记系统中登记的温室气体减排量。

14.2 CCER项目开发现状

2021年2月开始施行的《全国碳排放权交易管理办法（试行）》规定，重点排放单位可使用国家核证自愿减排量（CCER）或生态环境部另行公布的其他减排指标，抵消其不超过5%的经核查排放量。1单位CCER可抵消1t二氧化碳当量的排放量。用于抵消的CCER应来自可再生能源、碳汇、甲烷利用等领域减排项目，在全国碳排放权交易市场重点排放单位组织边界范围外产生。

因《温室气体自愿减排交易管理暂行办法》施行中存在CCER项目不够规范、减排备案远大于抵消速度、交易空转过多等问题，2017年3月，国家发改委暂停了CCER项目的备案审批。不过，2021年10月发布的《关于做好全国碳排放权交易市场第一个履约周期碳排放配额清缴工作的通知》对可用CCER的产生时间做了进一步说明：因2017年3月起温室气体自愿减排相关备案事项已暂缓，全国碳市场第一个履约周期可用的CCER均为2017年3月前产生的减排量。也就是说，CCER目前暂停项目开发，但是2017年3月之前产生的减排量仍然可以进行交易。

14.2.1　历史情况

在温室气体自愿减排项目开发运行的第一阶段（2012—2017），共计有2891个CCER项目被开发，其中完成项目备案的有1315个，完成减排量备案的有391个，累计已完成减排量备案的CCER为7700万t。

（1）**项目技术类型**。在已开发的2891个项目中，项目开发个数排名靠前的分别是风电、光伏发电、甲烷利用、水电、垃圾焚烧、生物质发电和造林和再造林等类型。各个技术类型的CCER项目开发数量如图14-1所示。

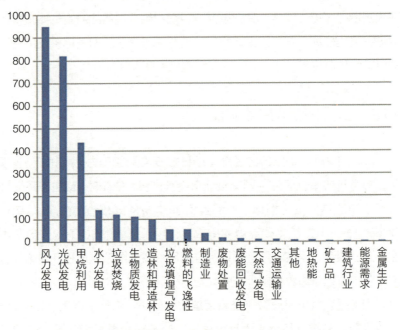

图14-1　第一阶段内各技术类型的CCER项目开发数量
数据来源：中国自愿减排交易信息平台

（2）**CCER项目减排量**。在完成减排量备案的CCER项目中，已备案的CCER减排量分布如图14-2所示，其中水电、风电和甲烷利用的减排量是CCER减排量产出的前三名。有七个项目类型未获得过减排量备案，应该是相关领域项目缺乏、减排情况复杂和CCER开发技术欠成熟等因素叠加的结果。

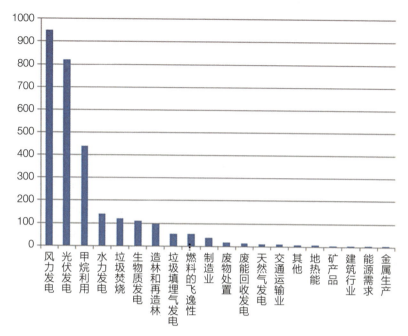

图14-2　第一阶段内各技术类型的CCER项目减排量

14.2.2　现阶段

作为全国碳排放权交易市场（以下简称全国碳市场）的重要补充工具，CCER经历了多年暂停后，一系列与CCER相关的政策相继出台，种种迹象表明，CCER一级市场或将很快重启。

2021年，全国碳市场首个履约期的控排企业为达成减排目标不仅可以直接购买碳排放配额，也可以向实施"碳抵消"活动的企业购买核证量，抵消自身碳排放，CCER交易也逐步活跃。多个地方试点碳市场CCER成交量与成交金额创新高。

2021年1月，生态环境部公布《全国碳排放权交易管理办法（试行）》明确规定，重点排放单位每年可以使用国家核证自愿减排量抵销碳排放配额的清缴，抵销比例不得超过应清缴碳排放配额的5%。

2021年9月，中共中央办公厅发布《关于深化生态保护补偿制度改革的意见》提出，加快建设全国用能权、碳排放权交易市场。健全以国家温室气体自愿减排交易机制为基础的碳排放权抵消机制，将具有生态、社会等多种效益的林业、可再生能源、甲烷利用等领域温室气体自愿减排项目纳入全国碳排放权交易市场。

2021年10月26日，生态环境部网站发布《关于做好全国碳排放权交易市场第一个履约周期碳排放配额清缴工作的通知》指出，组织有意愿使用CCER抵销碳排放配额清缴的重点排放单位抓紧开立国家自愿减排注册登记系统一般持有账户，并在经备案的温室气体自愿减排交易机构开立交易系统账户，尽快完成CCER购买并申请CCER注销。这意味着CCER正式纳入了全国碳市场抵消，全国碳市场开启了一个新阶段。

2023年2月，北京绿色交易所负责人表示，北京绿色交易所已经开发完成全国统一的注册登记系统和交易系统，为建设自愿减排市场提供重要的基础设施保障。目前，注册登记系统已完成减排项目、减排量的登记、签发等全流程业务功能开发；交易系统方面，已具备交易主体管理、交易组织、交割结算、风控监管等核心业务功能。

14.3 CCER开发备案流程

14.3.1 可申请开发备案的温室气体自愿减排项目

2012年6月，国家发展改革委发布的《温室气体自愿减排交易管理暂行办法》对CCER项目开发、交易和管理进行了系统规范。根据《办法》要求，申请备案的自愿减排项目应于2005年2月16日之后开工建设，且必须属于以下任一类别：

（1）采用经国家发展改革委备案的方法学开发的自愿减排项目。

（2）获得国家发展改革委批准作为CDM项目，但未在联合国注册的项目。

（3）获得国家发展改革委批准作为CDM项目，且在联合国注册前就已经产生减排量的项目。

（4）在联合国注册，但未获得减排量签发的CDM项目。

在接到备案申请后，对于满足以下条件的，国家主管部门依据专家评估意见对自愿减排项目备案进行审查，并于接到备案申请之日起30个工作日内（不含专家评估时间）予以备案，并在国家登记簿登记。具体条件为：

- 符合国家法律法规；
- 符合《办法》规定的项目类别；
- 备案申请材料符合要求；
- 方法学应用、基准线确定、温室气体减排量的计算及其监测方法得当；
- 具有额外性；
- 审定报告符合要求；
- 对可持续发展有贡献的项目。

14.3.2　温室气体自愿减排项目开发备案流程

根据《温室气体自愿减排交易管理暂行办法》，参与自愿减排交易的项目首先需要在国家主管部门进行项目登记备案。温室气体自愿减排项目开发备案一共需要六个步骤，整个流程所需时间为8～12个月。

（1）**项目设计开发。**以国家发改委发布的《温室气体自愿减排项目设计文件模板》为基础，开发项目设计文件（或补充说明文件）。其中，对于类型a和类型b的项目，需要开发项目设计文件；对于类型c和类型d项目，需要开发项目补充说明文件。在项目设计文件（或补充说明文件）的开发过程中，需要业主提供的主要文件如表14-1所示。

表14-1　项目设计文件（或补充说明文件）资料要求

序号	材料名称	备注
1	项目业主营业执照（副本）	
2	项目核准批复文件	主要材料
3	可行性研究报告	主要材料
4	环评批复文件	主要材料
5	环评报告（表）	主要材料
6	节能评估报告	主要材料
7	项目开工建设证明文件	如有，则提供
8	项目投产证明文件	如有，则提供
9	主要设备购买合同	如有，则提供
10	施工合同	如有，则提供
11	银行贷款合同（或贷款承诺函）	如有，则提供
12	其他材料	根据项目开发情况而定

（2）**确定审定机构并公示项目设计文件（或补充说明文件）。** 项目单位可以选择国家发展改革委发布的《关于公布温室气体自愿减排交易第一批审定与核证机构的公告》和《关于公布温室气体自愿减排交易第二批审定与核证机构的公告》中规定的具有CCER项目的审定及核证资格机构中任意一家机构作为项目登记备案的审定机构。

确定审定机构后，将编制的项目设计文件（或补充说明文件）的电子版发送给审定机构。审定机构会对项目设计文件（或补充说明文件）的内容及格式进行检查，确定符合公示要求后，会将该文件发送给国家发展改革委相关负责人。通过相关负责人的检查后，该文件在中国自愿减排交易信息平台网站上进行公示。其中项目公示期为：类型a和类型b项目公示期为14天；类型c和类型d项目公示期为7天。

（3）**审定并编制审定报告。** 公示期结束后，开始实施项目审定工作。对于类型a和类型b项目，需要进行文件评审（清单如表14-2所示）和现场答辩；对于类型c和类型d项目，只需要进行文件评审。

表14-2　文件评审所需主要文件清单

序号	材料名称	备注
1	项目业主营业执照（副本）	
2	项目核准/批复文件	
3	可行性研究报告	
4	环评批复文件	
5	环评报告（表）	
6	土地使用许可证明	
7	节能评估报告	
8	项目业主事先考虑CCER的证据	
9	CCER咨询协议	
10	利益相关方调查证明文件	
11	上网电价的证明文件	
12	并网协议	

碳达峰碳中和：技术、市场与管理

序号	材料名称	备注
13	购售电协议	如有，则提供
14	项目开工建设证明文件	如有，则提供
15	项目投产证明文件	如有，则提供
16	主要设备购买合同	如有，则提供
17	施工合同	如有，则提供
18	银行贷款合同（或贷款承诺函）	如有，则提供
19	IRR计算表	
20	减排量计算表	
21	监测手册	
22	培训通知及培训记录	
23	关于本项目未在除CDM以外其他减排机制下注册的声明	

根据《温室气体自愿减排项目审定与核证指南》的要求，审定机构在文件评审或现场访问后的5个工作日内，将文件评审和现场访问过程中发现的不符合（CARs）、澄清要求（CLs）或者进一步行动要求（FARs）提供给业主。业主需要在90天内完成相应的回复。完成CARs和CLs回复后（或者业主在90天内没有完成CARs和CLs回复），审定机构应在30个工作日内完成审定报告、技术评审（TR）并交付给业主。在得到业主对审定报告内容的确认后，审定机构应当在2个工作日内将最终审定报告上传至国家发展改革委指定的专门网站。

（4）**编写申请材料并报送至国家发展改革委。**收到审核机构纸版审定报告后，业主方开始编写除项目设计文件（或补充说明文件）和审定报告以外的其他申请材料（清单见表14-3），并将所有材料装订成册报送至地方发展改革委或国家发展改革委。对于43家央企单位，可直接将申请材料报送至国家发展改革委；其他单位需将申请材料报送至项目所在省发展改革委的初审意见函后，再报送至国家发展改革委。

表14-3　申请材料清单

序号	材料名称	备注
1	自愿减排项目备案申请函	根据模板编制
2	自愿减排项目备案申请表	根据模板编制
3	项目概况说明	根据模板编制
4	企业营业执照（副本）	复印件
5	项目批准/批复文件	复印件
6	环评批复文件	复印件
7	节能评估报告	复印件
8	开工时间证明文件	复印件
9	清洁发展机制项目批准书（LoA）	复印件（类型c和类型d项目）
10	项目设计文件（或补充说明文件）	
11	项目审定报告	

（5）**专家技术评估**。国家发展改革委定期组织召开"自愿减排项目备案审核理事会会议"。如果申报项目被列入会议通知中，则需要相关人员参加会议。

在会议上，由业主方（或咨询机构）介绍项目开发情况；由审定机构介绍项目审定过程及审定结论。双方介绍结束后，由专家提问并给出关于项目设计文件（或补充说明文件）和审定报告的修改意见。

（6）**国家主管部门审查及登记备案**。根据专家意见，业主方修改项目设计文件（或补充说明文件），审定方修改审定报告，业主方重新装订申报材料，再次报送至国家发展改革委。通过国家发展改革委相关部门审查后，项目将登记备案，并列入中国自愿减排交易信息平台网站"备案项目"栏目中。

14.3.3　减排量备案流程

根据《温室气体自愿减排交易管理暂行办法》，备案项目所产生的减排量需要在国家主管部门进行减排量备案后才能在相关的交易机构内进行交易。

在核证过程中，核证机构应确认是否存在拟议的或实际的项目设计上的变更。如果发现项目活动在实施过程中与项目设计文件的描述不一致，核证机构应通过现场访问确认该变更是否会引起项目规模、额外性、方法学的适用性以及监测与监测计划的一致性发生变化，从而影响之前审定的结论。如果核证机构确认拟议或实际的项目变更不符合相关要求，核证机构应出具负面的审定意见。

14.3.4 CCER交易

完成减排量备案登记意味着项目业主已经形成了CCER现货，CCER量在业主开立的自愿减排登记账簿的一般持有账户中。将一般持有账户的CCER转到交易账户，再转入到已开户的可交易CCER的九个交易所之一（除福建省外7个地方排放权交易试点交易所，四川联合环境交易所和海峡股权交易中心），就可以在交易所挂牌交易。

14.4 CCER项目开发流程

温室气体自愿减排项目申报及开发主体为减排企业，业主方在开发前需确定合适的、已公布的开发方法学对应或开发新方法学。此外，需要预先考虑申报开发项目的基准线情景、额外性和对其进行初步的经济效益评估。

在经济效应评估中，应当对项目减排量进行评估、同时核算成本及收益，评定项目是否具备开发价值和回收期长短。项目的计入期是指项目活动相对于基线情景所产生的额外的温室气体减排量的时间区间，分为可更新计入期（7×3＝21年）和固定计入期（10年），造林碳汇项目计入期为20～60年（最短为20年，最长不超过60年）。

14.4.1 项目基准线确定

一个温室气体自愿减排项目的基准线就是能够合理代表在不存在该项目情况下将产生的由人为活动造成的温室气体排放的基准情景。

在建立基准线时，应当注意以下基本要点：

- 按照已公开的方法学建立项目基准线；
- 项目基准线应建立在具体项目的基础上，根据项目具体的特点以及预期数据进行分析；

- 建立基准线过程应采取透明的方式，并遵守谨慎性原则；
- 应考虑相关国家和部门的政策和背景环境。

14.4.2　项目额外性论证

额外性论证是温室气体自愿减排项目开发中最重要的环节，只有具有额外性的减排项目才能获得CCER。额外性是指项目活动所带来的减排量对于基准线是额外的，即该项目在没有CCER支持下，存在着诸如财务效益、融资渠道、技术风险、市场普及以及资源条件等方面的障碍，依靠项目业主的现有条件难以实现。并非所有产生温室气体减排的项目都具有额外性，额外性证明需要由第三方进行严格的审查确认，因此必须有足够的证据支撑。考察一个项目的额外性，需要分析四个方面：

- 找出项目活动合适的可替代方案；
- 对项目进行投资分析：目的是评估该项目活动是否在经济或财务上不具备吸引力（一般$IRR \leq 8\%$）；
- 对项目进行障碍分析：目的是证明是否存在阻止该项目投资者实施项目活动的障碍；
- 对项目进行普遍性分析：目的是判断类似项目是否跟该项目活动存在本质的不同。

首先，应当判断项目的可替代方案，然后考察是否具有投资吸引力。如果不具有投资吸引力则考虑项目是否存在投资障碍以及普遍性，一旦确定项目具有阻止投资者的障碍且与类似项目没有本质不同，那么该项目具有额外性；如果具有投资吸引力，若该项目具有阻止投资者的障碍且与类似项目没有本质不同，那么该项目同样具有额外性。而不满足这些要求的项目均会被认为是不具有额外性的。

14.4.3　项目减排量计算

在CCER项目开发过程中，对项目减排量进行预先计算十分重要。在减排量计算过程中，首先需要确定计算中所使用数据的真实来源（包括排放因子数据），并在识别基准线的基础上进行计算。在计算并对所得数据进行整合后，需要对数据和计算准确性进行检查，最终得到该项目碳减排量预估。

14.4.4　项目碳收益测算

在计算项目的碳收益时，首先应当准确获得该项目在运行中年减排量的预估，然后根据当前或者预期CCER价格对项目年碳收益进行计算。最后，根据这些年数据汇总，可以得到项目计入期的碳收益（一般项目21年，林业碳汇项目20～60年。由于时间较长，可以考虑现金折现）。

然后开发企业应当根据当时的政策导向，选择适合的合作单位并尽快开展项目。开展项目时，企业应当充分估计项目和企业自身面临的风险，选择合适的资金投入模式，建立完善的项目开发管理制度和行为。

14.5　CCER项目方法学和开发流程

方法学是用于确定项目基准线、论证额外性、计算减排量、制定监测计划等的方法指南，每个温室气体自愿减排项目必须有对应的方法学进行开发。目前主管部门已公布了12批合计200个方法学，其中由联合国清洁发展机制（CDM）方法学转化174个，新开发26个；常规方法学107个，小型项目方法学86个，农林项目方法学5个。

如果一个减排项目没有对应的方法学则可以开发新方法学，其开发者可向主管部门申请方法学备案，并提交该方法学及所依托项目的设计文件，项目成功备案即意味着该方法学得到认可，实现备案。

目前，发布的200个方法学均是由国家发展改革委在CCER项目第一个阶段（2012—2017年）发布施行，考虑到新规出台后自愿减排交易事宜由生态环境部管理，因此，方法学可能会由生态环境部重新修编发布。

14.5.1　第一阶段方法学使用情况

在2012—2017年，国家主管部门一共批准了200个方法学。在所批准的方法学中，使用排名前10的方法学如表14-4所示。

采用以上十大方法学开发的项目个数超过总项目数的90%，与此形

表14-4　最常使用的CCER方法学列表

CCER方法学编号	CDM方法学编号	中文名称
CM-001	ACM0002	可再生能源联网发电
CMS-026	AMS-I.C./AMS-Ⅲ.R	用户使用的热能，可包括或不包括电能/家庭或小农场农业活动甲烷回收
CM-072	ACM0022	多选垃圾处理方式
CMS-002	AMS-I.D.	联网的可再生能源发电
AR-CM-001		碳汇造林项目方法学
CM-003	ACM0008	回收煤层气、煤矿瓦斯和通风瓦斯用于发电、动力、供热和/或通过火炬或无焰氧化分解
CM-092	ACM0018	纯发电厂利用生物废弃物发电
CM-075	ACM0006	生物质废弃物热电联产项目
CM-005	ACM0012	通过废能回收减排温室气体
CM-077	ACM0001	垃圾填埋气项目

成鲜明对比的是，有超过70%的方法学缺乏应用实例。因此，CCER方法学的使用具有明显的扎堆性和一定的应用局限性。

14.5.2　CCER项目方法学开发流程

　　CCER项目的全流程过程中设计、审定、核证等都需要参考方法学标准。CCER项目必须运用经国家发展改革委备案的方法学开发并在国家发展改革委备案，其产生的减排量也必须由国家发展改革委签发后才能在碳市场上出售，唯有通过方法学的标准化计算，项目的碳减排量才可以被量化并最终进入碳市场交易。

　　但是在项目开发时，可能会存在没有匹配的方法学可以使用的情况。在这种情况下，企业（开发者）或者第三方咨询机构可以申请对已批准的CCER方法学进行修改，或者开发新的方法学。申请方可以向国家主管部门申请备案，完成后并提交该方法学及所依托项目的设计文件。

　　申请备案新的方法学，需要至少60个工作日的专家技术评估时间和30个工作日的国家主管部门备案审查时间，因而对于新开发方法学并应用在自己项目上存在周期长、成本高、风险高的特点。

在收到项目开发方，或者第三方咨询机构的新方法学申请后，主管部门应当迅速组织专家评估方法学的合理性、可操作性、所依托项目设计文件内容完备性、技术描述科学合理性。然后，主管部门应当对满足要求的新方法学予以备案。新申请的方法学备案后，所依托的项目才可以依据该方法学进行备案，CCER方法学开发与备案流程如图14-3所示。

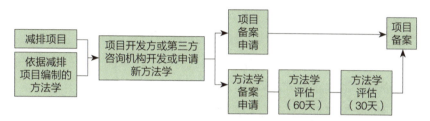

图14-3　新CCER方法学开发与备案流程

15 碳普惠及其运行机制

15.1 碳普惠概念

低碳权益是环境权益的一种，"碳普惠"是低碳权益惠及公众的具体表现。碳普惠制一般是为居民和小微企业的节能减碳行为赋予价值而建立的激励机制。其目的意义是鼓励公众自愿践行低碳，对资源占用少或为低碳社会创建做出贡献的公众和企业予以激励，利用市场配置作用达到公众积极参与节能减排的目的；同时，通过消费端带动生产端低碳，通过需求侧的改革促进供给侧技术创新。

例如碳普惠应用基于居民家庭用电减排量的方法学（包括计算方法和公式）对家庭电量进行换算，得出居民家庭温室气体减排量（换算到二氧化碳排放当量）。该应用将根据减排量给予用户不同等级的个性化标志勋章，增强用户荣誉感，减碳成果显著的小区可获得"绿色小区"荣誉称号。该应用还将根据家庭用电情况，对碳排量高的家庭量身推送低碳用能和科学用电的小技巧，引导用户绿色低碳生活。

15.2 碳普惠的来源与发展

碳普惠也称为碳普惠制，是对小微企业、社区家庭和个人的节能减碳行为进行具体量化和赋予一定价值，并建立起以商业激励、政策鼓励和核证减排量交易相结合的正向引导机制，最早由广东省发展和改革委员会于2015年提出。随后，广州市在此基础上进一步指出，"碳普惠制"是指通过财政支持、商业激励等方式，对社会公众节能降碳等绿色行为产生的减碳量予以量化并以碳普惠形式进行奖励的制度。由此，"碳普惠"的建设工作逐渐在多个省市开展。

截至2022年7月，碳普惠已遍地开花，广东省、上海市、北京市、四川省、福建省、湖北省、重庆市、浙江省、山东省、江苏省、河北省、海南省、江西省、山西省、黑龙江省等省市都进行了不同程度的探索。

2021年12月，深圳市联合以腾讯为代表的互联网科技力量，创新性地开启碳普惠平台——"低碳星球"的建设工作，希望通过正向激励机制倡导公众形成绿色低碳生活的新风尚，增强个人减碳的主动性。

2022年3月29日，全国首个省级碳普惠应用——浙江碳普惠在浙里办❶正式上线，开通绿色低碳场景，践行绿色出行、线上办理等低碳行为，用户可以用累积碳积分兑换权益。为响应2022年杭州亚运会绿色办赛的理念，浙江碳普惠上还设置了居民参与绿色亚运的活动，比如"我为亚运种棵树"等活动，不仅助力亚运会碳中和，还能获取个人碳积分。

2022年4月22日，广州碳排放权交易中心联合上海环境能源交易所、北京绿色交易所、天津排放权交易所、湖北碳排放权交易中心、海峡资源环境交易中心、四川联合环境交易所、重庆联合产权交易所、深圳排放权交易所，共9家国家级碳排放权交易平台共同启动"碳普惠共同机制"，并发布《碳普惠共同机制宣言》。

2022年4月，广东省生态环境厅印发了《广东省碳普惠交易管理办法》（简称《办法》），该《办法》自2022年5月6日起施行。《办法》提出，自然人、法人或非法人组织按照自愿原则参与碳普惠活动，作为碳普惠项目业主依据碳普惠方法学申报碳普惠核证减排量。委托有关法人组织申报碳普惠核证减排量的，应当签署委托协议，明确各方的责权利。该《办法》鼓励碳普惠核证减排量用于抵消自然人、法人或非法人组织生活消费、生产经营、大型活动产生的碳排放；积极推广碳普惠经验，推动建立粤港澳大湾区碳普惠合作机制。积极与国内外碳排放权交易机制、温室气体自愿减排机制等相关机制进行对接，推动跨区域及跨境碳普惠制合作，探索建立碳普惠共同机制。

2022年6月15日，"全国低碳日"主场活动在山东济南开幕，由生态环境部宣传教育中心、中华环保联合会、中国互联网发展基金会、国家发展和改革委员会国际合作中心、中国生态文明研究与促进会合作发起创立的"碳普惠合作网络"宣布正式成立。

---

❶ 浙里办是一款浙江省政务服务App，包括查缴社保、提取公积金、交通违法处理和缴罚、缴学费等数百项便民服务应用。

2022年6月21日，深圳市生态环境局发布《深圳市居民低碳用电碳普惠方法学（试行）》（简称《方法学》）。《方法学》规定了在深圳碳普惠体系下，个人通过低碳使用居民生活用电所产生的减排量的核算流程和方法，为居民低碳用电参与碳交易奠定了计量与方法的基础。

2022年7月1日起，上海首部绿色金融法规正式施行。这份法规中提到上海将建立区域性个人碳账户，鼓励碳普惠减排量进入上海碳交易市场。

15.3　碳普惠的作用

目前，我国主要通过行业、企业层面落地减排政策及目标。但随着城镇化快速发展和城乡居民生活水平不断提高，人均碳排放水平呈快速增长态势，城市小微企业和城乡居民生活、消费领域已然成为能源消耗和碳排放增长的重要领域。此外，针对行业与企业的政策中规定的减排项目需要很高的开发成本，小微企业和个人无法承担。因此，通过建立"碳普惠制"鼓励个人和小微企业的低碳行为，将有利于促进低碳行为的全民参与性，从绿色出行、绿色消费、线上业务办理、绿色社区、普惠公益等场景出发，提高整个社会低碳发展的水平，最终推动低碳经济、生态文明的建设。

当前，国内外还没有十分成熟的可将公众的节能减排行为量化并转化为碳指标的方法学，且较少将个人减排行为纳入碳市场交易当中。因此，碳普惠机制无疑是一种非常有益的尝试和创新。国内大部分试点碳普惠制与碳排放权交易体系是相互独立的体系，有各自的运行范畴及规则。从碳减排行为的主体来说，可以分为企业和个人；从减排行为的约束形式来说，又可分为强制和自愿。在实践中，碳普惠机制可以作为碳交易体系下的补充机制，可以将碳普惠项目作为在碳市场中的全新的碳交易手段。此外，碳普惠制也可应用到绿色出行方面，以积分的方式计量通过共享单车或者乘坐公共汽车减少车辆运行时的温室气体的排放。碳普惠制在碳减排中的位置如图15-1所示。

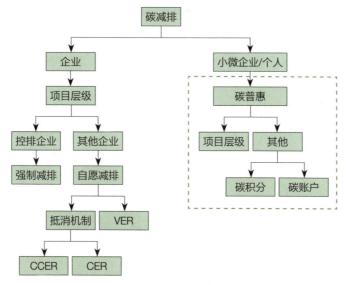

图15-1 碳普惠在碳减排活动在中的位置

15.4 省级碳普惠专项政策解读

15.4.1 广东省碳普惠交易管理办法

广东省是我国最早提出碳普惠概念及其相关制度的省份。经过数年的探索和试验，为了更好落实绿色发展理念、充分调动全社会节能降碳的积极性，广东省生态环境厅于2022年4月重新编制并发布了《广东省碳普惠交易管理办法》（粤环发〔2022〕4号，简称《办法》）。这是我国第一个，也是目前唯一一个将碳普惠纳入交易体系的碳普惠专项政策。在这份政策中，碳普惠的概念被重新确认，碳普惠工作的职责被明确划分，碳普惠管理、碳普惠交易以及相关监管措施也得到明确确定。

（1）**碳普惠的定义。**广东省生态环境厅在《办法》中，碳普惠定义为"运用相关商业激励、政策鼓励和交易机制，带动社会广泛参与碳减排工作，促使控制温室气体排放及增加碳汇的行为"。《办法》中明确指出，碳普惠管理和交易应遵循公开、公平、公正和诚信的原则，碳普惠机制下开发的项目应具备普惠性、可量化性和额外性。

（2）**碳普惠相关工作的职责分工。**《办法》规定，广东省生态环境厅负责省内碳普惠管理相关工作，包括碳普惠方法学、碳普惠项目及其经核证的减排量（简称碳普惠核证减排量），指导广东省碳普惠专家委员会开展专业技术支撑等工作。广东省生态环境厅依托省碳普惠核证减排量登记系统对碳普惠核证减排量的创建、分配、变更、注销等进行登记和管理。各地级以上市生态环境部门配合做好碳普惠管理相关工作，可根据实际情况组织开展管辖区内碳普惠创新发展工作。

广东省碳普惠专家委员会由省主管部门组织成立，由国内外低碳节能领域具有较高社会知名度和影响力的专家、学者和工作者组成，负责碳普惠方法学的技术评估工作。

广州碳排放权交易中心是碳普惠核证减排量交易平台，负责碳普惠交易系统的运行和维护，制定碳普惠交易规则，组织碳普惠核证减排量交易。

（3）**碳普惠管理。**

1）申报碳普惠方法学。碳普惠方法学是指用于确定碳普惠基准线、额外性，计算减排量的方法指南。鼓励将具有广泛公众基础和数据支撑、充分体现生态公益价值的低碳领域行为开发形成碳普惠方法学，重点鼓励适用于广东省地理气候条件下林业和海洋碳汇、适应气候变化相关领域的碳普惠方法学进行申报，申报流程图如图15-2所示。

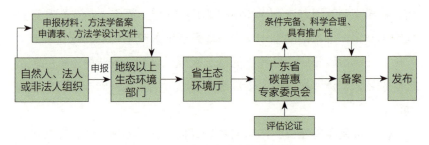

图15-2　碳普惠方法学的申报流程

2）申报碳普惠核证减排量。自然人、法人或非法人组织按照自愿原则参与碳普惠活动，作为碳普惠项目业主依据碳普惠方法学申报碳普惠核证减排量。申报碳普惠核证减排量应承诺不重复申报国内外温室气体自愿减排机制和绿色电力交易、绿色电力证书项目。申报流程图如图15-3所示。

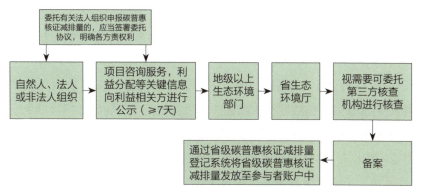

图15-3　碳普惠方法学的申报流程

（4）**碳普惠交易**。《办法》明确碳普惠交易的主体是碳普惠项目业主以及符合碳普惠交易规则的交易参与人。碳普惠交易的进行方式可以有三种：挂牌点选、竞价交易、协议转让。此外，《办法》还引入了补充抵消机制，即碳普惠核证减排量可作为补充抵消机制进入广东省碳排放权交易市场，但需要由省生态环境厅确定并公布当年度可用于抵消的碳普惠核证减排量范围、总量和抵消规则。

（5）**监督管理**。监督管理工作包括以下三个部分：

1）信息公开：省生态环境厅应及时向社会公布碳普惠方法学、碳普惠核证减排量备案和碳普惠专家委员会名单等信息。广州碳排放权交易中心应及时向社会公布碳普惠核证减排量交易相关信息。

2）主动披露：碳普惠项目业主或受委托的有关法人组织应主动向利益相关方披露碳普惠核证减排量备案和交易信息，接受社会公众监督。

3）法律责任：违反本办法规定，依法由其上级主管部门或者监察机关责令改正并通报批评；情节严重的，对负有责任的主管人员和其他责任人员，依法由任免机关或者监察机关按照管理权限给予处分；涉嫌犯罪的，移送司法机关依法追究刑事责任。

15.4.2 深圳市碳普惠

2021年11月12日，深圳市人民政府办公厅印发了《深圳碳普惠体系建设工作方案》（深府办函〔2021〕92号）。随着深圳碳普惠体系建设工作的不断深入，需要规范深圳碳普惠体系的建设运行和监督管理。为此，深圳市生态环境局于今年印发了《深圳市碳普惠管理办法》（简称《办法》），并已于2022年8月18日正式实施。

（1）**《办法》出台意义。**《办法》是作为构建深圳碳普惠体系重要的制度保障，有效地衔接和完善已经实施的《深圳经济特区绿色金融条例》（提出"完善碳普惠制度"）《深圳经济特区生态环境保护条例》（提出"市人民政府应当建立碳普惠机制，推动建立本市碳普惠服务平台"）《深圳碳普惠体系建设工作方案》（提出"制定深圳碳普惠管理办法，界定参与主体的权利、责任和义务，完善管理流程和制度规范"）。

同时，《办法》是作为规范绿色低碳行为的必要基础。通过规范减碳行为所产生减排量的管理流程和使用规则，确保低碳场景全覆盖、减碳行为可量化、碳普惠核证减排量消纳场景丰富、碳普惠应用程序高效先进以及普惠全民的机制具有市场化和可持续性。

（2）**《办法》的管理思路。**《办法》规定了碳普惠制度的管理目的原则、管理流程、管理要求以及具体的管理内容，主要包括以下四个方面：

1）明确立法目的、术语定义和各类主体的管理原则，明确本管理办法的基本原则，确定主管部门的工作职责，明确监督管理的范围和主体。

2）建立完善的管理流程，围绕碳普惠方法学管理、核证减排量管理、碳积分管理、碳普惠场景管理等方面，制定完善的规范流程和要求。

3）确立参与主体的管理要求，确定个人、减碳项目开发主体、碳普惠应用程序运营机构、碳普惠场景运营机构、第三方核查机构、交易机构等不同主体参与深圳碳普惠体系的管理要求。

4）依托碳普惠统一管理平台开展管理工作，确定碳普惠专家库、碳普惠方法学、核证减排量、碳积分、碳普惠场景等碳普惠体系主要内容的线上平台化管理，建立与深圳碳排放权交易系统的互联互通，提供相关政策信息披露与推广宣传等功能。

（3）**《办法》规定的监管措施。** 在对碳普惠活动的监管方面，《办法》做出了以下规定：

1）建立信息披露机制。主管部门将通过政府网站、碳普惠统一管理平台，及时向社会公布碳普惠专家库名单、碳普惠方法学清单、碳普惠项目及其核证减排量备案、碳普惠场景清单等信息。

2）识别风险并有效防范。主管部门将组织对碳普惠统一管理平台进行监督检查等，采取有效措施防范数据安全风险。

3）明确违法违规行为的处理方式。深圳碳排放权交易机构、碳普惠应用程序运营机构、第三方核查机构存在违规处理减碳行为数据、泄漏用户相关信息、出具虚假不实报告等行为的，依据相关法律法规进行处理。构成犯罪的，依据相关法律法规追究刑事责任。

15.4.3　上海市碳普惠

为贯彻落实习近平生态文明思想，落实碳达峰、碳中和目标，健全生态产品价值实现机制，大力推动全社会低碳行动，引导绿色低碳生产生活和消费方式，营造全社会节能降碳、资源节约氛围，上海市生态环境局于2022年3月编制《上海碳普惠体系建设工作方案》（简称《方案》）并向全社会公开征求意见。目前，《上海市碳普惠体系建设工作方案》已基本形成。这表明上海将形成碳普惠体系顶层设计，构建制度标准和方法学体系，搭建碳普惠平台，选取新能源、公共交通、低碳消费等领域，先行开展试点示范，衔接上海碳市场，探索多层次消纳渠道，探索建立区域性个人碳账户。

《方案》提出，上海市将设立碳普惠体系管理及运营机构。该机构将承担上海碳普惠机制的管理和运营职能，包括组织专家委员会对项目和场景减排量核算方法学论证审定，项目及减排量的签发备案，个人低碳场景及减排量的管理，碳普惠减排量消纳，碳普惠平台建设、管理与运营等工作。此外，《方案》还强调以下几个方面：

（1）**建设碳普惠系统平台。** 依托"随申办"平台，运用区块链、大数据、物联网等数字技术，建立具备减排量核算、备案、签发、登记、管理、交易、价值兑现等功能的经济、准确、安全、高效、便捷的碳普惠系统平台。

（2）**建立抵消机制对接上海碳排放权交易市场**。制定抵消规则，引导碳普惠减排量通过抵消机制进入本市碳排放权交易市场，支持与鼓励本市纳管企业购买碳普惠减排量并通过抵消机制完成碳排放权交易的清缴履约。

（3）**鼓励通过购买和使用碳普惠减排量实现碳中和**。制定以碳普惠减排量作为抵消来源实现碳中和的相关实施指南，鼓励企业、机构和个人优先使用碳普惠减排量进行碳中和。

（4）**优化资源共享的碳普惠生态圈**。以"普惠积分换权益、普惠积分换荣誉"等方式实现个人碳普惠减排量的消纳，逐步形成个人碳普惠流量与商家经济效益相互带动的良性循环。

15.4.4　重庆市"碳惠通"

2021年，为加快推动重庆市绿色低碳发展，贯彻落实党中央、国务院关于碳达峰碳中和的重要决策部署和中央办公厅、国务院办公厅联合印发的《关于建立健全生态产品价值实现机制的意见》，重庆市生态环境局牵头开展了"碳惠通"生态产品价值实现平台建设工作，制定了《重庆市"碳惠通"生态产品价值实现平台管理办法（试行）》（渝环〔2021〕111号）（简称《办法》）来规范平台建设运行及监督管理。

（1）《办法》的目的及意义。《办法》的出台为加快建立由政府主导，企业和社会各界共同参与，具备市场化运作和可持续发展特点的生态产品价值实现平台起到重要作用。《办法》的目的在于规范平台的建设运行及监督管理，为碳普惠制补齐碳配额缺口，促进企业完成碳履约，激活碳减排动力，助推绿色低碳发展，引导公众培养绿色低碳生活方式。

（2）**"碳惠通"方法学、项目及减排量管理**。重庆市"碳惠通"参照国家温室气体自愿减排交易有关规定，结合重庆实际情况制定，确定了"碳惠通"方法学、项目及减排量的备案原则、程序、资料等重要制度，规定了项目的投运时间应于2014年6月19日之后、减排量应产生于2016年1月1日之后、减排量均应产生在重庆市行政区域内。"碳惠通"方法学应由开发者向市生态环境局申请备案；"碳惠通"项目和减排量的开发需采用经市生态环境局备案的方法学，由第三方机构审定与核证合格后，向市生态环境局提交备案申请；市生态环境局根据工作需要组织技术评估，评估通过后予以备案；运营主体对以上备案、审定与核证、评估信息在"碳惠通"平台上进行登记管理。

（3）**"碳惠通"减排量抵消管理。**根据《办法》，减排量抵消管理按照重庆市碳排放权交易有关规定执行，包括碳履约和碳中和两个层面。纳入重庆碳市场的配额管理单位按照碳排放权交易相关规定，购买一定比例的减排量抵消碳排放量，完成碳履约。如纳入重庆碳市场的某控排企业经核定的年度二氧化碳排放量为100万t，发放的碳排放配额只有90万t。企业要完成碳履约，必须再购买10万t碳配额补齐缺口。"碳惠通"生态产品价值实现平台建成上线后，该企业便可购入规定比例的"碳惠通"减排量（碳配额与减排量按1：1折算）来抵消碳配额缺口，丰富了企业履约方式。此外，企事业单位和个人购买减排量抵消实际活动中产生的碳排放，实现碳中和。如举办某大型会议经测算产生二氧化碳500t，会议组织方可以通过购买等量"碳惠通"减排量抵消会议活动产生的碳排放，实现会议碳中和。

（4）**"碳惠通"低碳场景建设。**《办法》鼓励企事业单位、团体、协会等社会组织按照评价规范要求参与"碳惠通"低碳场景创建工作，包括低碳出行、绿色办公、低碳消费、资源循环再利用等；运营主体负责制定及评估低碳场景评价规范，采集低碳行为数据、换算碳积分并发放至个人账户；碳积分用于个人在运营平台上兑换碳普惠商品或服务。

（5）**监管。**《办法》明确了市生态环境局对运营主体、交易中心等的监督管理要求以及对积极参与"碳惠通"平台建设工作的政府机关、企事业单位及社会团体在气候投融资工作等方面的激励政策支持。

15.5　碳普惠的激励方式

碳普惠制是通过一套激励机制促进全社会公众践行节能降碳等绿色行为。总的来说，碳普惠机制通过数据采集，记录并量化公众日常生活中节能低碳行为的减碳量，并将减碳量按照一定比例换算成"碳币"发放到相应公众账户中，利用碳币的金融属性在全社会系统内进行流通，从而获取商业激励、政策激励及交易激励。

15.5.1　商业激励

碳普惠商业激励指碳币可用于兑换企业所提供的折扣及增值服务，如餐饮、娱乐的优惠折扣，酒店的延迟退房，航空里程，超市赠品等，让公众通过日常消费中的优惠感受到低碳所带来的直接经济价值，增强公众践行低碳的自主性。

15.5.2　政策激励

推动节能降碳是政府重要职责之一，所谓政策激励是指将"碳普惠制"与节能减排相关政策制度结合，充分利用市场化的补充激励作用，发挥政策的最大功效，激励公众积极降碳。

15.5.3　交易激励

"碳惠通"交易激励是将公众易精准计量的低碳行为所产生的减碳量进行核证并签发。

15.6　参与碳普惠机制的实现路径

小微企业及个人均可以参与到碳普惠中。参与碳普惠机制的实现方式总结如表15-1所示。

表15-1 小微企业与个人参与碳普惠机制的实现路径

行为	普惠对象	基本思路	数据来源
出行领域	绿色低碳出行的个人	对选择步行、骑行、公交和网约拼车等低碳出行方式进行鼓励	公交公司、公交卡发卡公司、共享单车公司、网约车平台等
生活领域	节能减碳行为的小微企业、家庭或个人	对节约水电气和垃圾分类回收等行为进行鼓励	供电公司、自来水公司、燃气公司、垃圾分类回收公司等
消费领域	购买节能低碳产品的消费者	对购买采用节能低碳工艺技术制造并经过官方认证产品的行为进行鼓励	生产商、销售方等
旅游领域	践行绿色低碳行为的游客	对购买电子门票、乘坐低碳环保交通工具、低碳住宿等行为进行鼓励	景区管理机构、酒店等
公益领域	参与绿色低碳和节能环保活动的小微企业、家庭或个人	对参与明显减碳效果或能够产生碳汇公益性活动的主题进行激励，如参与低碳宣传或植树造林等	活动主办方

16 绿电绿证政策、开发及交易

16.1 绿电与绿证相关概念

16.1.1 绿电

绿电，即绿色电力，指的是在生产电力的过程中，因相较于其他方式（如火力发电）所生产的电力，绿电对于环境冲击影响较低，其二氧化碳排放量为零或趋近于零。绿电主要来自太阳能、风能、生物质能、地热能等。

此外，水电和核电不属于绿色电力的范畴。现有的观点认为水电站形成蓄水湖中，微生物会对有机物进行分解排出大量的二氧化碳和甲烷等温室气体；同理，在铀矿提取、铀浓缩、核废料处理过程中也会排放大量二氧化碳。同时，这两类能源对于生态环境也存在潜在影响。

16.1.2 绿证

绿证，即绿色电力证书，中国绿证（Green Energy Certificate，GEC）是国家对发电企业每兆瓦时（MWh）非水可再生能源上网电量颁发的具有独特标识代码的电子证书，是非水可再生能源发电量的确认和属性证明以及消费绿色电力的凭证。

绿证可以通过自愿认购的方式进行交易。其中，中国绿证只能交易一次，无法二次出售。目前，在我国核发的项目主体包括集中式光伏发电和陆上风电，但不包括水电。这也就造成了我国的绿证在认证标准和交易环节与国际绿证有所不同：国际绿证可以来自水电项目，且国际绿证可以多次交易。

16.1.3 绿电与绿证的作用

对于用能企业单位而言，购买绿证相当于该企业单位获得了一个声明权，即宣称自身使用了绿色能源。根据绿证对应电量占自身实际用电量的比例，可以证明自己有部分或100%使用了绿色电力。

有些企业单位不但自身要求使用可再生能源，同时也会要求供应链上的企业单位使用可再生能源，以减少供应链碳排放水平。承担可再生能源电力消纳责任的企业单位，如果没有达到规定的消纳量，按差额购买绿证可以帮助其完成可再生能源配额制履约；而超额完成的消纳量可以在省内和省间进行交易，从而帮助企业获得经济利益。超额消纳量对应的用电量不纳入五年规划能源消费总量考核。

此外，在供电和降低碳排放方面，绿电将发挥越来越大的作用。未来在常规能源供电不足时，绿电供应的绿色属性可以避免电网断电造成生产生活损失，保障企业和居民有序用电。在计算企业碳排放量时，因为绿色电力的碳排放因子为零，对高排放的控排企业，如企业使用了一定比例的绿电，可以降低企业碳排放总量和排放强度，帮助企业实现控排目标。

16.2 我国绿电绿证政策

近年来，伴随着"双碳"目标的提出和对新能源行业的大力支持，我国出台了一系列政策推动促进以新能源为主导的新型电力系统的规模化发展以及绿电绿证参与市场化交易。

16.2.1 推动新型电力系统建设的政策

目前，我国能源燃烧占全部二氧化碳排放的88%左右，电力行业排放占约41%，电力行业不仅要加快行业自身的低碳转型，还要助力工业、建筑、交通等终端用电部门实现更高的电气化水平。因此，加快建设以新能源为主体的新型电力系统是重中之重。

2021年11月，《关于完整准确全面贯彻新发展理念做好碳达峰碳中和工作的意见》和《2030年前碳达峰行动方案》两份纲领性文件发布，要求积极发展非化石能源，加快建设新型电力系统，2025年、2030年、2060年的非化石能源消费比重分别达到20%、25%、80%。随后，中央经济工作会议、中共中央政治局、碳达峰碳中和工作领导小组全体会议多次提出发展新能源和建设新型电力系统的相关要求。在电力供给侧，全面推进风电、太阳能发电大规模开发和高质量发展，构建新能源占比逐渐提高的新型电力系统；在电力消费侧，研究构建推动"双碳"的市场化机制，深化能源体制机制改革，全面推进电力市场化改革，完善电价形成机制。

2021年，我国全社会用电量达到8.3万亿kWh。据国际能源署（IEA）预测，若要达成"双碳"目标，中国在2020～2060年期间，电力行业快速低碳转型的同时用电量将增长130%，2030年和2060年的用电量将分别超过9万亿kWh、16万亿kWh，其中可再生能源电力比重将从2020年的约25%上升到2030年的40%和2060年的80%。据此可推算出2030年来自可再生能源发电的绿电将超过3万亿kWh，与2021年我国新能源年发电量1万亿kWh相比，未来9年，可再生能源发电具有巨大的增长空间。表16-1列出在新型电力系统建设方面国家层面相关政策文件及重要会议要求。

表16-1　新型电力系统建设方面相关政策文件及重要会议要求

时间	政策/会议	主要内容及要求
2021.11	《关于完整准确全面贯彻新发展理念做好碳达峰碳中和工作的意见》	到2025年，非化石能源消费比重达到20%左右；到2030年，非化石能源消费比重达到：25%左右，风电。太阳能发电总装机容量达到12亿kW以上，二氧化碳排放量达到峰值并实现稳中有降；到2060年，非化石能源消费比重达到80%以上，碳中和目标顺利实现
2021.11	《2030年前碳达峰行动方案》	"十四五"期间，产业结构和能源结构调整优化取得明显进展，新型电力系统加快构建，2025年，非化石能源消费比重达到20%左右；"十五五"期间，清洁低碳安全高效的能源体系初步建立，到2030年，非化石能源消费比重达到25%左右，顺利实现2030年前碳达峰目标
2021.12	中央经济工作会议	新增可再生能源和原料用能不纳入能源消费总量控制，创造条件尽早实现能耗"双控"向碳排放总量和强度"双控"转变
2022.1	中共中央政治局就努力实现碳达峰碳中和目标进行集体学习	加大力度规划建设以大型风光电基地为基础、以其周边清洁高效先进节能的煤电为支撑、以稳定安全可靠的特高压输变电线路为要，把促进新能源和清洁能源发展放在更加突出的位置，要加快发展有规模有效益的风能、太阳能、生物质能、地热能海洋能、氢能等新能源
2022.3	碳达峰碳中和工作领导小组全体会议	要研究推进可再生能源发展，加快规划建设新能源供给消纳体系，支持分布式新能源发展。要研究构建推动"双碳"的市场化机制，完善电价形成机制，健全碳排放权交易市场

碳达峰碳中和：技术、市场与管理

16.2.2　推动新能源电力与绿电消费及市场化的政策

为推动绿电的消费及参与市场化交易，国家发展改革委、国家能源局出台的《关于加快建设全国统一电力市场体系的指导意见》及国家发展改革委等七部门发布的《促进绿色消费实施方案》。这两份政策文件明确了新能源市场化交易的时间表和路线图，主要在时间进度、交易方式、绿色用户保障和机制建设等方面。

（1）**时间进度方面**。到2025年，显著提高跨省跨区资源市场化配置和绿色电力交易规模，初步形成有利于新能源、储能等发展的市场交易和价格机制；到2030年，新能源全面参与市场交易。

（2）**交易方式方面**。有序推动新能源参与电力市场交易，建立与其特性相适应的中长期电力交易机制，鼓励新能源报量报价参与现货市场，对报价未中标电量不纳入弃风弃光电量考核，新能源比例较高的地区可探索引入爬坡等新型辅助服务。加快建设绿色电力交易市场，开展绿色电力交易试点，统筹推动绿色电力交易、绿证交易，以市场化方式发现绿色电力的环境价值，体现绿色电力在交易组织、电网调度等方面的优先地位，引导有需求的用户直接购买绿色电力，推动电网企业优先执行绿色电力的直接交易结果。

（3）**绿电用户方面**。鼓励行业龙头企业、大型国企、跨国公司等消费绿色电力，制定高耗能企业电力消费绿色电力最低占比，推动外向型企业较多、经济承受能力较强地区逐步提升绿色电力消费比例，需求侧管理时优先保障绿色电力消费比例较高的用户，推广建筑光伏提升居民绿色电力消费占比，重点发展可再生能源制氢。

（4）**促进机制方面**。绿色电力交易与可再生能源消纳责任权重挂钩机制，市场化用户通过购买绿色电力或绿证完成可再生能源消纳责任权重，做好绿色电力交易与绿证交易、碳排放权交易的有效衔接，研究在碳市场排放量核算中扣减绿色电力相关碳排放量。推动绿电消费及市场化的相关政策见表16-2。

表16-2　推动绿电消费及市场化的相关政策

政策相关内容 ＼ 交易类型	绿证自愿认购交易	可再生能源超额消纳量交易	绿色电力交易试点	分布式发电交易试点
标的物	绿证（1绿证=1MWh结算电量）	可再生能源超额消纳量交易凭证（1个凭证=1MWh超额消纳量）	捆绑了绿证的电量	电量
市场主体	卖方：集中式陆上风电、光伏发电企业；买方：政府机关事业单位和自然人等	卖方：超额完成可再生能源电力消纳责任的省份；买方：未完成可再生能源电力消纳责任的省份	卖方：集中式陆上风电、光伏发电企业；买方：电力用户、售电公司、电网企业	卖方：分布式发电项目；买方：在卖方接入点上一级变压器供电范围内的电力用户
交易平台	国家可再生能源发电项目信息中心	北京电力交易中心、广州电力交易中心、省级电力交易中心	北京市电力交易中心、广州电力交易中心	试点地区省级电力交易中心
交易模式	直接向可再生能源发电企业认购，证书在有效期内可以且仅可以出售一次，不得再次出售、转手	超额消纳凭证只允许交易一次，成交后不能再次出售	直接交易：电力用户或售电公司直接与发电项目企业开展交易。认购交易：电网企业依据规则开展交易；电网企业对代理购电的电力用户在绿色电企业供电或代理范围内，通过电网企业供电或代理购电的方式，向发电企业认购	直接交易：分布式发电项目与电力用户进行直接交易。委托交易：项目委托电网企业代理售电，电网企业对代售电或综合售电价格，扣除过网费；标杆电价收购：按国家核定标杆上网电价收购电量
认购形式	挂牌出售	双边协商、滚动撮合	双边协商、集中竞价、挂牌交易、滚动撮合	双边协商
认购价格	由买卖双方自行协商或者通过竞价确定认购价格。不高于证书对应电量的补贴金额	市场化形成，挂牌交易、双边协商、集中竞价和滚动撮合交易不限价，可以对报价或成交结算价格设置上限	市场化方式形成；电价=电能量价格（生产运营成本）+环境溢价	发电项目的结算电价即为交易电价；电价=交易电价+"过网费"；政府性基金及附加
交易周期	随时交易	年度交易。超额消纳凭证跨年不能结转，计入当年权重	年度（含多月）交易为主，月度交易为补充。鼓励多年交易	年度交易

16.3　我国绿证制度发展及绿证交易现状

16.3.1　我国绿证制度的发展历史

我国的绿证是国家对发电企业每兆瓦时非水可再生能源上网电量颁发的具有唯一代码标识的电子凭证，由国家可再生能源信息管理中心核发。

2017年起，我国开始实施绿证交易，实施绿证制度的目的主要是减轻新能源补贴压力和引导绿色电力消费观。为推进光伏发电平价上网，自2019年起，国家屡次发布政策推进绿证交易。2020年2月3日，国家发展改革委、财政部、国家能源局联合印发《关于促进非水可再生能源发电健康发展的若干意见》，提出全面推行绿色电力证书交易。图16-1展现了我国绿证制度发展历程的各个阶段。

16.3.2　我国绿证交易现状

（1）**绿证核发交易总体平稳有序。** 从国际经验来看，绿证通常由政府委托的第三方机构进行核发以增强公信力。我国自2017年启动自愿绿证交易，并明确适时建立强制绿证交易市场。根据国家发展改革委、财政部、国家能源局联合印发的文件要求，由国家可再生能源信息管理中心作为第三方机构建设运行全国绿证认购交易平台，同时负责我国绿证的核发及交易组织工作。目前，已推动建立了一整套规范、有效的绿证核发和交易体系，证书核发、交易总体平稳有序，初步推动全社会形成了较好的绿色电力消费共识。

从绿证类型看，目前，我国绿证主要包括补贴绿证和无补贴绿证两类。其中补贴绿证核发范围为纳入国家补贴清单的陆上风电、光伏电站项目；无补贴绿证核发范围为平价（低价）陆上风电、光伏发电项目，以及超过全生命周期合理利用小时数或者达到补贴年限的可再生能源发电项目。

截至2022年7月底，全国补贴绿证累计核发数量约3421万个，累计认购数量约7.9万个。全国无补贴绿证核发工作于2021年5月正式启动，2021年6月底，在江苏苏州国际能源变革论坛上，国家能源局宣布

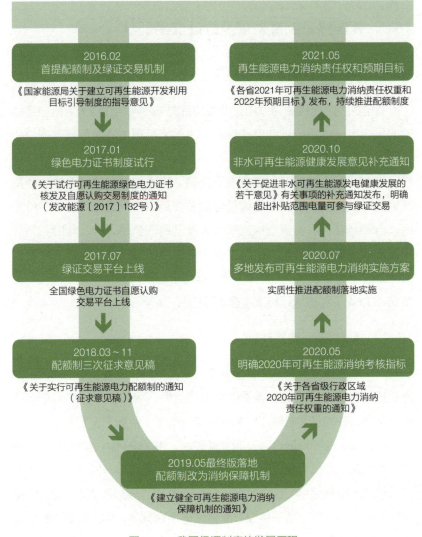

图16-1 我国绿证制度的发展历程

首笔无补贴绿证成功交易。截至2022年7月底，无补贴绿证累计核发数量约1139万个，累计认购数量约197万个。

国际可再生能源100%消费计划组织（RE100）、绿色和平等国际非营利性组织持续倡导绿色低碳发展，除绿证强制市场外，自愿认购绿证提升绿色电力消费水平已成为重要趋势。我国绿证已于2020年初实现了与RE100的互认，在国际市场形成一定的影响力。

（2）衔接绿色电力交易试点。 2021年8月，国家发展改革委、国家能源局复函国家电网有限公司、中国南方电网有限责任公司《关于绿色电力交易试点工作方案的请示》，推动开展绿色电力交易试点工作。2021年9月7日，全国绿色电力交易试点正式启动，共17个省区的259家市场主体参与了首次交易，成交电量79.35亿kWh（交易期限为1～5年），成交均价较煤电基准价增加约2分/kWh，较当地电力中长期交易价格增加3～5分/kWh。

目前，绿证核发交易制度已实现与绿电交易试点的有效衔接，国家可再生能源信息管理中心按照国家相关要求根据绿电交易结算数据批量核发绿证至北京电力交易中心、广州电力交易中心。截至2022年7月底，已核发绿电交易对应绿证超过108万个。

16.4　绿证申领、核发与交易

16.4.1　国内企业可选择的三种绿证

绿证的注册平台、技术属性、有效时间不相同，因此，企业要根据自身需求或客户、总部的要求，选择合适的绿证。国内企业可选择3种绿证：中国绿证GEC、国际绿证I-REC和APX。三种绿证的基本信息、绿证支持的项目类型与价格范围总结如表16-3所示。

表16-3　我国企业可选择的三种绿证对比

绿证种类	基本信息	可支持项目类型	价格范围（人民币元）
GEC	该绿证是国家能源局水规院主导的中国绿证，可用于国内RPS履约，其已获得RE100有条件认可	目前仅支持前期国家1-7批补贴的陆上风电和集中式光伏项目申请；平价项目绿证已放开申请且开始交易	补贴类项目绿证：120～800元/MWh；平价项目绿证50元/MWh
I-REC	总部在荷兰的Registry，是获得RE100认可的国际绿证，CDP在中国市场认可	现阶段大多数交易的都是补贴项目绿证；随着政策更新，开放对非国有的项目的注册申请，但不再支持补贴项目的注册，且2023年后不再签发有补贴项目的I-REC。	补贴类项目绿证：3～4元/MWh

绿证种类	基本信息	可支持项目类型	价格范围（人民币元）
APX TIGR	美国总部的Registry，是获得RE100认可的国际绿证，CDP在中国市场也被认可	主要的差异：大多是无补贴项目生产的绿证。远景是APX在中国的唯一QRE（绿证核查机构）	平价项目绿证：30元/MWh

16.4.2　绿证申领及核发流程

根据《国家发展改革委　财政部　国家能源局关于试行可再生能源绿色电力证书核发及自愿认购交易制度的通知》（发改能源〔2017〕132号）文件，国家可再生能源信息管理中心（简称信息中心）依托国家能源局可再生能源发电项目信息管理平台（简称信息平台）负责核定和签发绿色电力证书（简称绿证）。

（1）**核发对象。**列入国家可再生能源电价附加补助目录内的陆上风电和光伏发电项目（不含分布式光伏发电）为绿证核发对象。

（2）**绿证申领。**未在信息平台注册的企业，应依照《国家能源局关于实行可再生能源发电项目信息化管理的通知》（国能新能〔2015〕358号）文件要求，在线注册账户。所有完成账户注册的企业，在完整填报项目"前期工作""核准备案""项目建设""补助目录申报""月度运行信息"后，方可进入绿证申领流程，共有三个步骤：

1）运行信息填报。项目并网发电之后，应于每月月底前在信息平台填报上月的运行信息，在项目信息填报中单击项目名称，选择"项目运营"，点击要填报年月对应的"填写"按钮，按照说明填报具体信息，并上传所属项目上月电费结算单、电费结算发票和电费结算银行转账证明扫描件。对于共用升压站的项目，需提供项目间的电量结算发票及其他证明材料。

企业在获取上月项目的结算电量信息后，应在"项目运营"菜单下及时填报上月的运行信息。例如企业在2017年3月底获知项目2月的结算电量并获得电费结算单及发票等结算凭证后，通过点击2017年2月对应的"填写"字段填报项目2月的运行信息。结算电量填写时应准确选择结算电量对应的时间段。月度运行信息填报完成提交后，由信息中心进行审核确认。

2）绿证权属资格登记。已在信息平台注册的国家可再生能源电价附加资金补贴目录内的陆上风电和光伏发电项目（不含分布式光伏发电项目）企业，完成运行信息填报后可以通过信息平台申请证书权属资格，在项目信息填报界面中单击项目名称，并选择"权属资格登记和绿证申领"标签下的"权属资格登记"，在线提交证书权属资格审核所需文件，主要包括企业营业执照，组织机构代码，税务登记证明，企业法定代表人或授权代理人身份证等。登记申请需经信息中心审核通过后方可具备绿证申领资格。绿证权属资格登记审核通过后，无需再次登记。

3）绿证申领。具备绿证申领资格的项目，点击"权属资格登记和绿证申领"标签下的"绿证申领"，可选择已通过月度运行信息审核的月份，进行绿证申领工作。如月度运行信息需修改，应在线提交变更申请，并在"项目运营"中完成修改。

（3）绿证核发。

1）核发标准。陆上风电和光伏发电项目（不含分布式光伏发电）按照与电网企业（售电企业或用户）实际结算电量，每兆瓦时（即1000kWh）结算电量对应1个绿证。不足1兆瓦时的电量部分，将结转到次月核发，这部分电量称之为结转电量。

2）核发原则。信息中心及时对企业填报的月度运行信息、绿证权属资格证明文件等信息的真实性、准确性进行核实，核实方式主要包括与电网企业、地方政府、统计机构等单位数据进行复核，抽样现场调查，必要时请第三方机构核查等。

为提高绿证核发效率，信息中心首先会依据企业填报的月度上网电量核发绿证，待企业填报结算单、银行转账单、电费结算发票等证明文件后，按照经核实的实际结算电量对已核发绿证进行修正。如绿证对应电量超过实际结算电量，则系统自动注销多余绿证；如绿证对应电量低于实际结算电量，则系统自动补发相应绿证。

只有部分装机规模列入国家可再生能源电价附加补助目录内的陆上风电和光伏发电项目（不含分布式光伏发电），信息中心才按照项目列入补助目录的装机规模对应的结算电量核发绿证。

3）核发依据。电量结算单、电费银行转账凭证和结算发票扫描件是绿证申领审核的重要依据，属于必填项。其中，电量结算单指发电企业与电网企业（售电企业/用户）实际结算的电量单据；电费银行转账凭证指电网企业（售电企业/用户）向发电企业结算电费的银行转账凭证；结算发票是发电企业向电网企业（售电企业/用户）出具的电费发票。

16.4.3 国内绿证交易方式

（1）**核发主体与核发对象。**我国国内绿证GEC的核发主体是国家可再生能源信息管理中心。核发对象国家可再生能源电价附加补助目录内的陆上风电和光伏发电项目（不含分布式光伏发电）。

（2）**核发标准。**核发标准如下

$$1GEC＝1MWh结算电量$$

（3）**绿证价格的确定。**国内绿证GEC有平价绿证和补贴绿证两种，其交易价格的确定方式有一定区别，即

平价绿证：按市场情况确定，首单交易50元/个。

补贴绿证：单张绿证成交价格限＝（项目的风电÷光伏的标杆上网电价–当地脱硫煤标杆电价）×1000。

（4）**交易方式。**GEC的交易方式包括平台挂牌出售、线下双边交易、长期协议等形式。

（5）**交易限制。**在GEC交易过程中，不允许以自身为对手方进行认购；在有效期内可以且仅可以出售一次，不得再次转手出售。

16.5 对发电企业参与绿证开发及绿证交易的建议

预计在未来很长一段时间里，绿证开发和绿证交易关乎发电企业的切身利益。因此，公司应该对相关政策制度以及市场化推进进行高度关注、科学谋划、积极应对。针对发电企业参与绿证开发及绿证交易，应注意三个方面。

（1）**紧密跟踪绿证发展态势，加强与政府、行业协会等机构的汇报、沟通。**积极参与自愿认购绿证交易，深入研究配额制及强制购买绿证实施的各种可能情形及其对发电企业的潜在影响，研究制定相应的发

展策略。针对配额制及强制购买绿证启动的时机、履责主体的认定、配额指标的分配、履责成本的疏导等重大问题，与政府部门保持密切沟通，主动汇报相关研究成果信息、积极参加政府有关部门的会议、细致答复有关部门的信函，同时，努力促请行业协会等第三方机构向政府部门反映发电企业合理诉求。

（2）**将可再生能源放在更加优先发展的地位，加快推进电源结构优化。**在电力市场化改革全面推进和可再生能源发电成本持续下降的背景下，不论是否启动强制绿证交易，越来越多的可再生能源电量参与市场竞争已成定局。可考虑在规划、计划、投资、研发、人力、财务、物资等方面加大对可再生能源的支持力度，特别是加大起步较晚的非水可再生能源如光伏的扶持力度。

（3）**全面推进市场化运营，全力提升可再生能源的成本竞争力。**随着可再生能源电量的持续快速增长，可再生能源电量与其他发电量的竞争、可再生能源企业之间的竞争将成为未来发展主线。由于电能产品的同质性，未来竞争的关键是成本的高低。因此，必须将"价值思维、效益导向"的理念和"精品工程"的要求全面应用到每一个可再生能源存量和增量项目，真正实现每个项目在可研、设计、建设和运营全寿命周期的精细化管理。

⑰ 碳账户和碳减排量化应用

17.1 碳账户的定义

碳账户是碳金融的具体实践，是以碳征信为核心，引导商业银行围绕制度、流程、产品三个关键环节进行优化升级，实现资源优化配置的一项金融制度安排，由此实现商业银行投融资业务碳排放核算的可操作、可计量、可验证。

碳账户是由某些商业银行设计并发行，其主要功能是记录行为主体依据国家碳排放计量标准，将生产或生活中的碳排放进行量化的结果。碳账户将用户日常碳减排行为进行量化，尝试与金融服务挂钩，有助于增强全民绿色消费意识，丰富金融服务场景，助力如期实现"双碳"战略目标。

碳账户场景应用可以分为企业与个人，可涵盖工业、农业、能源、建筑、交通和居民生活等不同领域。根据不同场景的碳排放数据收集与核算，通过碳交易市场转化为货币价值、形成市场价格，进而发挥价格的成本约束和收益激励作用。

碳账户和碳普惠存在重要联系，自2015年碳普惠概念提出以来，作为聚焦生活费领域的一种新型减排机制，碳普惠制的探索实践逐步兴起，商业银行等金融机构陆续展开关于碳普惠制的实践探索，学术界对于碳普惠制的理论研究也逐步丰富。碳普惠制是为个人、家庭和小微企业的节能减碳行为赋予价值而建立的激励机制，以达到鼓励个人及企业自愿践行低碳，对资源占用少或为低碳社会创建做出贡献的个人、家庭和企业予以激励，利用市场配置作用达到公众积极参与节能减排的目的。其核心逻辑在于从消费端出发实施碳排放管控，再到生产端，最终实现整个社会的碳中和。这种针对个人和家庭低碳生活和绿色消费的自愿减排制度设计，是碳普惠制的重要实现方式，而其中最典型的代表就是设立碳账户。

17.2 推行企业和个人碳账户的重要意义

在应对全球气候变化的背景下，各国商业银行等金融机构都肩负起实现社会经济绿色健康发展的重任，企业及个人也在社会环境长期变化中不断变革。从目前国内银行业的实践来看，与碳账户有关的产品和服务主要有两类：一类是企业碳账户，一类是个人碳账户。简单来说，商业银行推出企业和个人碳账户，具有三个方面的积极意义。

17.2.1 有助于提高全民绿色消费意识

"双碳"战略目标的提出旨在引导我国及世界各国重视经济发展与环境保护之间的平衡，实现经济高质量发展。作为人口大国，我国应积极发挥碳减排工作中积少成多的力量。商业银行等金融机构推出的碳账户作为工具，将用户生活、生产场景中的碳减排行为换算为银行专门账户中的积分，积分累积到一定数量可用于换取相应权益，引导用户形成绿色低碳的生活消费理念，增强全社会节能减排、绿色发展的意识，最终通过改变客户消费习惯影响市场上生产者的行为，实现从生产端到消费端的全面碳中和。

17.2.2 有助于银行及企业绿色低碳发展

"双碳"战略目标的提出改变了企业碳排放义务与权利，也影响了企业的资源价值和资产价值。世界各国企业在应对气候变化的过程中，受到了来自政策、环境潜移默化的影响。针对企业的碳账户加深了这种影响，进而促进企业转变发展模式、提升绿色业务占比。商业银行以碳账户作为载体，探索金融业务相关碳减排核算的可计量、可验证，在引导用户的同时将对银行自身形成无形约束，进而促进银行优化低碳产品和服务。

17.2.3 有助于拓展金融服务场景

碳账户作为入口，与相应的金融服务权益挂钩，利用碳积分兑换相应礼品及金融服务权益，激励用户归集相应的金融业务和行为数据，使得商业银行更加全面地了解客户生活、消费、出行等各方面的习惯和行为。一方面，开拓用户营销服务的新场景，进而促进商业银行吸引更多新的客户，活跃存量客户；另一方面，掌握用户与碳减排相关行为数据还将使商业银行更好地了解客户，利用这些"碳信息"刻画出精准用户画像，帮助银行为消费者提供更为个性化的金融产品及服务。

作为一种金融服务创新，商业银行推出个人及企业碳账户，将金融服务与用户行为在"双碳"战略目标下进行链接，既有助于在全社会宣导绿色低碳理念，也有助于进一步丰富自身金融服务场景，拓展新兴领域金融业务，增强现有用户黏性并获得新的用户。

17.3 我国在"碳账户"领域的实践

2018年，浙江省衢州市在全国首创银行个人碳账户，通过挖掘银行账户系统蕴含大数据，从多个维度折算个人绿色行为节省的碳排放量。2021年，衢州推进碳账户体系建设，衢江农商银行拓展碳积分的价值应用，量身定制"点碳成金贷"，并根据客户碳积分水平划分客户等级，提供具备差异化的金融产品及服务；截至2021年3月末，衢州全市26家银行业金融机构已开设个人碳账户544.62万户，累计减少碳排放5345.95t。上海首部绿色金融法规《上海市浦东新区绿色金融发展若干规定》中，也明确提出探索建立个人和企业碳账户。2022年来，我国多家商业银行加快个人碳账户探索。2022年1月，山东日照银行推出个人碳账户。随后，中国建设银行也在手机银行设立"碳账本"板块。2022年4月，"中信碳账户"上线，通过用户授权自动采集个人低碳行为数据，累计个人碳减排量。

在企业碳账户方面，浦发银行在2021年11月推出适用于企业的碳账户体系，企业在该行办理的绿色信贷、绿色债券等业务，可形成对应的碳积分。2022年6月，北京银行发布"京碳宝"企业碳账户，探索"绿色投融资+数字人民币支付"组合服务方案。总体来看，无论是个人还是企业碳账户，都与相应的金融服务挂钩，在额度、利率、期限、流程等方面享有一定优惠。

此外，我国许多商业银行虽然尚未设立个人及企业碳账户，建立完善的"碳积分"制度，但部分银行从提倡绿色低碳生活的理念出发，以支持绿色消费为核心切入点，抓住零售业务广阔的市场空间，推出以"绿色"为主题的金融产品；还有银行针对企业客户，推出碳排放配额质押贷款、核证自愿减排量质押贷款及绿色债务融资工具、碳中和债、可持续发展挂钩债券等，服务相关行业和企业从高碳向低碳业务转型。

17.4 碳账户的碳减排量化作用

碳账户是包含碳排放数据采集、碳核算、碳排放等级评价和场景应用等功能在内的碳减排支持体系，能够帮助企业和居民算清"碳账"，提高减排效率和意识。

碳账户是对有关经济主体碳排的全面记录，包含数据采集、核算、评价三个环节。因此其必须做到数据准确、核算科学、评价客观，才能真正让企业和个人"理清"自己的碳排放量，并对自己的碳减排进行准确量化。

17.4.1 企业的碳减排量化

（1）**数据准确**。工业企业应当逐户安装能源采集装置，实现自动化采集；农业主体由农业农村局下属农技站的人员和商业银行的信贷人员逐户采集，确保数据准确性。

（2）**核算科学**。采用金融稳定理事会（FSB）气候变化相关财务信息披露工作组（TCFD）公布的《气候相关财务披露建议》进行规则核算，与人民银行公布的《金融机构碳核算技术指南（试行）》相一致。核算主要分为三个层次：一级核算范围指所有直接温室气体排放；二级核算范围指间接温室气体排放，主要包括外购电力、热力、蒸汽；三级核算范围指二级核算外的其他间接排放，涵盖报告主体价值链上、下游的温室气体排放、外包活动和废弃物处理等。

17.4.2 个人的碳减排量化

为了给个人碳减排行为的定量提供依据，2022年5月，中华环保联合会发布了一项团体标准《公民绿色低碳行为温室气体减排量化导则》（以下简称《导则》）。《导则》明确了涉及衣、食、住、行、用、办公、数字金融七大类别的40项绿色低碳行为，还规定了公民绿色行为碳减排量化基本原则、要求和方法，适用于公民绿色行为碳减排量化评估，以及指导公民绿色行为碳减排量化评估规范的编制等。《导则》是对消费端行为碳减排量化团体标准的首次探索，填补了公民绿色行为碳减排量化评估标准的空白。其发布也将为解决地方"碳普惠"面临的减排场景不清晰、减排标准不统一、减排量计算不科学等问题提供指导和启发，为未来建立全国碳普惠自愿碳减排市场奠定参考标准。

18 气候投融资

18.1 气候投融资的概念

18.1.1 气候投融资的定义

气候投融资的概念在不同机构的表述和内涵有一定差异。《联合国气候变化公约》定义的气候投融资是指可以在地方、国家或跨国层面进行的，来自公共、私人和其他融资渠道的，目的是支持应对、减缓和适应气候变化的金融活动。世界银行集团气候金融定义为向低碳、适应气候变化发展的项目提供资金的投融资活动。

我国也有对气候投融资的定义。在政策层面上，《关于促进应对气候变化投融资的指导意见》（环气候〔2020〕57号）中指出所谓气候投融资，是指为实现国家自主贡献目标和低碳发展目标，引导和促进更多资金投向应对气候变化领域的投资和融资活动，是绿色金融的重要组成部分。投融资活动的支持范围包括气候变化减缓和适应两个方面。

18.1.2 气候投融资和绿色金融的关系

绿色金融是指为支持环境改善、应对气候变化和资源节约高效利用的经济活动，即对环保、节能、清洁能源、绿色交通、绿色建筑等领域的项目投融资、项目运营、风险管理等所提供的金融服务。从理论上讲，"绿色金融"要求金融部门把环境保护作为一项基本政策，在投融资决策中要考虑潜在的环境影响，把与环境条件相关的潜在的回报、风险和成本都要融合进日常业务中，从而通过对社会经济资源的引导，促进社会的可持续发展。

气候投融资是绿色金融工作中的一部分，即绿色金融的项目覆盖范围包含且大于气候投融资工作。作为绿色金融的重要组成部分，气候投融资相比于传统的绿色环保项目和低碳减排项目等更强调适应气候变化和全球可持续发展；同时气候投融资较绿色金融来说提出了一些新工作，比如说有序发展碳金融、强化碳核算与信息披露、建设国家气候投融资项目库、加强人才队伍建设和国际交流合作等。最后，在对比《工作方案》与《关于构建绿色金融体系的指导意见》后可以发现，绿色金融将工作中心放在了资本市场、金融机构上，而气候投融资则更加注重碳交易市场、社会资本与国家资本投融资能力的提升。

18.2　气候投融资的支持范围

18.2.1　减缓气候变化方面

在减缓气候变化方面，气候投融资的支持范围包含5个方面：①调整产业结构，积极发展战略性新兴产业；②优化能源结构，大力发展非化石能源，实施节能降碳改造工程项目；③开展碳捕集、利用与封存试点示范；④控制工业、农业、废弃物处理等非能源活动温室气体排放；⑤增加森林、草原及其他碳汇等。

18.2.2　适应气候变化方面

在适应气候变化方面，气候投融资的支持范围包含两个方面：一是提高农业、水资源、林业和生态系统、海洋、气象、防灾减灾救灾等重点领域适应能力；二是加强适应基础能力建设，加快基础设施建设、提高科技能力等。

18.3　广泛应用的气候投融资工具

国际气候投融资的公共资金工具和市场化工具均有广泛的应用，其中气候债券工具、气候信贷工具和气候保险工具是主要的市场化工具。

18.3.1　气候债券

气候债券，是经过气候债券倡议组织（Climate Bond Initiative, CBI）认证的绿色债券。国际资本市场协会指出：绿色债券是指任何将所得资金专门用于资助符合规定条件的绿色项目或为这些项目进行再融资的债券工具。与普通债券的共同点是绿色债券仍然具备"债券"属性，同样具有法律效力，债券投资人与发行主体之间存在债权债务关系。而绿色债券与普通债券的区别是通过绿色债券方式筹集到的资金，只能用于政策规定的支持环境改善，发展新能源，应对气候变化等特定绿色项目。

18.3.2　绿色信贷

绿色信贷是指银行业金融机构在遵循对应产业政策的基础上利用利率杠杆调控信贷资金的流向，实现资金的"绿色配置"。具体而言就是对"高能耗、高污染"行业实施信贷管制，通过项目准入、高利率、额度限制等约束其发展，引导其转变高能耗、高污染的经营模式；同时，通过提供配套优惠的信贷政策与信贷产品，来加大对节能环保、低碳循环产业的扶持力度，使节能环保产业产生更大的生态效益，并反哺金融机构，最终实现生态与金融业的良性循环。

18.3.3　气候投融资保险

绿色保险是环境风险内部化和管理绩效风险成本的重要金融工具，保险的避险机制能够帮助增加气候弹性和鼓励投资行为。目前，中国主要有两类绿色保险：环境污染责任险（EPL）和气候风险保险。气候保险工具主要包括农业保险、天气指数保险、清洁技术保险、巨灾险等。

气候变化导致全球灾害频繁发生，更容易造成各种意外损失，因而气候投融资的保险工具显得尤为重要。由于气候变化，每年全世界因旱灾、洪灾、龙卷风、地震等灾害而陷入贫困境地的人多达数千万。在遭遇灾害受到损失之际，保险方案有助于尽早采取救灾行动，加快灾后恢复进程，进而恢复民生，重建重要的基础设施。

气候投融资保险工具得到国际高度重视。为加快这一全球性保险工作，欧洲多国、世界银行及其全球减灾与灾后恢复基金和30多个非政府组织与私营部门合作伙伴启动了新的全球伙伴机制——保险增强韧性机制。该机制由脆弱二十国集团（V20）和二十国集团（G20）共同主持，其目标是在发展中国家推广气候风险融资和保险方案。

第4篇
管理篇

本篇主要介绍如何从组织层面进行碳管理，包括企业"双碳"指标体系构建的框架、企业碳排放核算方法、企业碳资产管理体系建设等主要情况。

19 企业温室气体核算方法浅析

世界资源研究所（World Resource Institute，WRI）和世界可持续发展工商理事会（World Business Council for Sustainable Development，WBCSD）自1998年起逐步制定了企业温室气体排放核算标准体系，目前主要包括以下三大标准：《温室气体核算体系：企业核算与报告标准（2011）》《温室气体核算体系：产品寿命周期核算和报告标准（2011）》《温室气体核算体系：企业价值链核算与报告标准（2011）》。其中，《温室气体核算体系：企业核算与报告标准（2011）》根据企业对温室气体排放的控制能力划分为范围一排放（直接排放）、范围二排放（能源间接排放）和范围三排放（其他间接排放）。如图19-1所示。

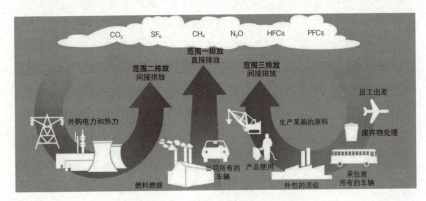

图19-1　企业的运营边界示意图

本章以《中国电网企业温室气体排放核算方法与报告指南》（简称《指南》）为例，介绍电网企业在直接排放、间接排放和其他排放领域的碳排放核算方法。碳排放核算是电网企业碳达峰工作的重要工作基础。

19.1　核算边界

电网企业温室气体排放核算边界以直辖市或省电力公司作为独立法人单位进行核算。如果报告主体除电力输配外还存在其他产品生产活动且存在温室气体排放的，则应参照相关行业企业的温室气体排放核算和报告指南核算并报告。基于《温室气体核算体系：企业核算与报告标准（2011）》，电网企业自身运营活动引起的碳排放可分为两类，即

直接排放：主要为六氟化硫逸散排放；

其他间接排放：输配电损失所对应的电力生产环节产生的二氧化碳排放。

间接排放主要包括使用电力、热力引起的排放，由于办公热力使用部分占比较小，在《指南》中未涉及，电力排放已计入输配电损失排放中。

19.2　排放源

19.2.1　六氟化硫逸散直接排放

包括六氟化硫绝缘设备在运行、检修、退役过程产生的排放。

19.2.2　输配电损失引起的排放

电网企业的二氧化碳排放主要来自由于输配电线路上的电量损耗而产生的温室气体排放，该损耗由供电量和售电量计算得出，以兆瓦时为单位。

19.3　核算方法

19.3.1　六氟化硫逸散直接排放

电网企业中气体绝缘电气设备运行、检修与退役过程产生的温室气体排放总量按式（19-1）计算：

$$E_{SF6} = \left(\sum_i (REC_{容量,i} - REC_{回收,i}) + \sum_j (REP_{容量,j} - REP_{回收,j}) \right) \times GWP_{SF6} \times 10^{-3}$$

（19-1）

式中　E_{SF6} —— 使用六氟化硫设备修理与退役过程中产生的六氟化硫排放，t二氧化碳；

$REC_{容量,i}$ —— 退役设备 i 的六氟化硫容量，以铭牌数据表示，kg；

$REC_{回收,i}$ —— 退役设备 i 的六氟化硫实际回收量，kg；

$REP_{容量,j}$ —— 修理设备 j 的六氟化硫容量，以铭牌数据表示，kg；

$REP_{回收,j}$ —— 修理设备 j 的六氟化硫实际回收量，kg；

GWP_{SF6} —— 六氟化硫的温室气体潜能，23900。

19.3.2　输配电损失引起的排放

电网企业输配电电量损耗产生的排放量计算按式（19-2）计算

$$E_{网损} = AD_{网损} \times EF_{电网} \qquad (19-2)$$

式中　$E_{网损}$ —— 输配电引起的二氧化碳排放总量，t二氧化碳；

　　　$AD_{网损}$ —— 输配电损耗的电量，MWh；

　　　$EF_{电网}$ —— 区域电网年平均供电排放因子，t二氧化碳/MWh。

输配电损耗的电量按式（19-3）计算

$$AD_{网损} = EL_{供电} - EL_{售电} \qquad (19-3)$$

式中　$AD_{网损}$ —— 输配电损耗的电量，MWh；

　　　$EL_{供电}$ —— 供电量，MWh；

　　　$EL_{售电}$ —— 售电量，即终端用户用电量，MWh。

供电量计算为

$$EL_{供电} = EL_{上网} + EL_{输入} - EL_{输出} \qquad (19-4)$$

式中　$EL_{供电}$ —— 供电量，MWh；

　　　$EL_{上网}$ —— 电厂上网电量，MWh；

　　　$EL_{输入}$ —— 自区域外输入电量，MWh；

　　　$EL_{输出}$ —— 向区域外输出电量，MWh。

20 企业"双碳"指标体系的构建

现代管理学之父彼得·德鲁克说:"无量化,无管理;先量化,后决策"。在国家"双碳"背景下,建立企业的"双碳"目标量化指标体系是推进碳达峰、碳中和的重要抓手。总体而言,组织层面的碳管理是多要素的有机体现,展现了对组织整体业务低碳发展的重点影响因素识别过程和管控理念。

本章以供电企业"双碳"指标体系构建思路为例,介绍如何进行组织层面(即企业层面)的碳管理。

20.1 "双碳"指标体系构建背景

能源使用是主要的二氧化碳排放源,占全部二氧化碳排放的88%左右,电力行业排放约占能源行业排放的41%,减排任务艰巨。此外,我国95%左右的非化石能源主要通过转化为电能加以利用。电网连接电力生产和消费,是重要的能源互联网平台,是能源转型的中心环节,是电力系统碳减排的核心枢纽。

2021年3月1日,国家电网有限公司发布全国首个碳达峰碳中和行动方案,承诺"十四五"期间,新增跨区输电通道以输送清洁能源为主,保障清洁能源及时同步并网;建成7回特高压直流,新增输电能力5600万kW;到2025年,经营区跨省跨区输电能力达到3.0亿kW,输送清洁能源占比达到50%,并提出当好"引领者""推动者""先行者",在做好自身碳管理基础上,服务于全社会碳减排工作。

2021年10月18日,国家电网有限公司印发了《碳管理工作方案和三年行动计划(2021—2023年)》,提出碳管理工作内容主要围绕着"参与碳市场建设运行、加强自身碳排放管理、推动公司碳产业发展、做好信息平台建设"四方面,重点做到"十加强、十促进"。在碳管理工作方案中提出:制定公司碳指标和对标体系,研究建立综合性碳指标体系,全面量化公司服务能源转型、减少碳排放所开展的各项工作。组织开展国内外对标分析，客观评价我国电力系统承担的任务和压力。

20.2 建设目的

建设国家电网有限公司"双碳"指标体系主要有三个目的：

（1）**量化"双碳"工作任务。**以"双碳"指标体系为基础，将企业"双碳"行动方案细化分解为具体指标任务，明确指标责任主体，制定阶段性目标，形成各单位落实"双碳"行动方案的时间表、路线图，督促各单位按计划、按进度、按要求全面推进"双碳"工作。定期采集"双碳"指标完成情况，分析相关工作存在的问题和困难，适时向企业"双碳"办公室报送，以便从企业层面协调解决。

（2）**评价"双碳"工作成效。**应用企业"双碳"指标体系，评价各单位在带动产业链、供应链上下游绿色低碳发展、引导社会形成绿色低碳生产生活方式、降低自身排放实现企业率先达峰等方面的具体工作成效，展现各级责任主体对达峰目标定位的落实情况，以及社会认同度感的提升情况。

（3）**有效支撑"双碳"指标管控。**以"双碳"指标体系为基础，从促进社会减排和企业自身减排两个维度，综合测算等效量化减排数据，积极向社会展现供电企业为降碳做出的贡献。适时将"双碳"指标纳入企业综合计划，组织各单位统一管理，研究分析指标规律，为后续其纳入考核和对标管理奠定基础。

20.3 设计思路

为完整、准确、全面贯彻新发展理念，做好碳达峰碳中和工作，供电企业以开展企业"双碳"行动和构建新型电力系统行动为具体抓手，结合企业综合计划、企业负责人业绩考核相关指标，参考能源企业低碳发展相关评价指标，锚定"引领者、推动者、先行者"的目标定位，分类分层构建企业"双碳"指标体系，并遴选关键指标进行归碳化。经科学论证后，首先纳入企业综合计划管理，并适时纳入企业业绩考核和对标管理。同时，探索选取部分具有行业特点的归碳化指标，与国内外其他能源企业开展外部对标。

20.4　构建原则

20.4.1　完整性与相关性相结合

"双碳"指标体系构建应具有完整性和相关性的特点。一方面，"双碳"指标体系应全面与企业"双碳"行动方案协同，体现企业在"双碳"工作中的引领、推动及先行作用，全面涵盖企业业务。另一方面，指标体系应全面响应构建新型电力系统要求，保持与碳排放的强相关性，做到简洁、通用、可量化、可获得、不交叉，能够服务于企业内部和外部"双碳"数据采用者的决策需要，并全面系统衡量企业系统低碳发展情况。

20.4.2　定性与定量相结合

在定性方面，指标要满足各单位个性化与共性化需求，突出有利于推动新型电力系统建设的导向；定量方面，对于关键指标，能够通过计算或统计实现归碳化，为企业开展相关分析、评价、考核和内外部对标提供量化计算依据。

20.4.3　内外、远近相结合

"双碳"指标体系对内要针对企业管理各环节、各业务板块进行合理划分与考核，充分体现行业特色与业务发展水平。对外要充分体现企业在推动国家碳达峰碳中和目标实现以及服务构建以新能源为主体的新型电力系统等方面的整体贡献，展现企业责任担当。同时，指标应紧扣国家"双碳"战略目标要求，体现企业远景发展方向，并结合企业"双碳"工作实际进展，合理设定近期阶段性工作目标，因地制宜提出各层级、各单位指标目标值，促进工作机制的不断迭代优化。

20.5 考核对标机制

20.5.1 筛选对标内容

内部对标：以归碳化指标为基础进行企业内部单位对标，同时选择具有量化基础的指标作为对基层单位的考核指标。

外部对标：选取国际领先水平和行业先进水平的企业作为对标对象。拟开展对标的国内外企业相关指标完成值，可从各企业年报、相关国际组织和研究机构公开发布的报告中摘录。

20.5.2 设定预期目标

围绕贯彻落实党中央、国务院关于碳达峰碳中和的重大战略决策，以《中共中央　国务院关于完整准确全面贯彻新发展理念做好碳达峰碳中和工作的意见》《2030年前碳达峰行动方案》为指引，以企业"双碳"行动方案为纲要，结合指标的历史数据与下属单位的实际情况，综合设定考核目标，根据指标特性，可按月度、季度、年度、3年、5年、10年及更长时间为周期制定差异化预期目标。

20.5.3 确定评价规则

以职责分工为主线，将指标对标任务分解落实到各相关责任部门，同时考虑各单位发展基础、发展空间和业务差异性，设计兼顾共性与特性的评价规则，科学赋分权重，并将关键指标纳入企业负责人考核和综合计划中。针对外部对标，宜选择便于理解的综合评价方法与外部能源企业进行对标。

20.5.4 定期监督评估

按月度、季度、年度定期跟踪关键指标进展，分析关键指标的动态变化情况，及时发现问题；定期开展对标效果评估，编制评估月报、季报，对未达到预期目标的指标进行复盘分析，以便动态调整。

㉑ 企业碳管理体系建设

2021年11月，中国工业节能与清洁生产协会发布了《碳管理体系要求及使用指南》（T/CIECCPA 002—2021），提出了企业碳管理体系建设的框架内容，体系架构主要包括四个基本模块：碳排放管理体系、碳资产管理体系、碳交易管理体系和碳中和管理体系，不同行业企业可以根据自身情况酌情参考使用。

碳排放管理体系的建立有利于跟踪企业历年的温室气体排放量，准确、可靠地核算本组织温室气体排放的量化值，确立温室气体减排目标，配套相关碳排放控制措施，并对结果进行评价和改进。碳资产管理体系的建立能够帮助识别企业碳资产管理的风险点，推动增加正资产、减少负资产，明确碳资产管理的职能部门，匹配相关人员的职责和权限，增强碳资产管理的抗风险能力。碳交易管理体系可以通过建立对碳市场、碳交易数据的及时跟踪和其他交易保障制度，明确企业不同时间段对碳交易的需求，从而实现企业碳交易经济利益最大化。碳中和管理体系的建立有利于基于企业现状提出产品和服务碳足迹对应的、可行的碳中和途径，有效推动企业碳中和目标的实现。

21.1 发挥领导作用

21.1.1 领导作用和承诺

最高管理层应通过下列事项来证明对碳管理体系方面的领导作用和承诺：

（1）确保碳管理方针和碳管理目标已被确立并与企业的策略导向相一致。

（2）确保组建碳管理团队。

（3）确保本组织的碳达峰碳中和规划的实现。

（4）确保碳管理体系要求融入企业的业务过程中。

（5）确保碳管理体系所需的资源是可供使用的。

（6）就有效的碳管理与符合碳管理体系要求的重要性进行沟通。

（7）确保碳管理体系实现其预期结果。

（8）指导和支持人员对碳管理体系的有效性作出贡献。

（9）促进持续改进。

（10）支持其他的相关角色在适用于他们的职责范围证明他们的领导作用。

21.1.2 碳管理方针

最高管理层应确立一项碳方针，使其具备以下特点：

（1）适合于企业的目的。

（2）提供一个设置碳管理目标的框架。

（3）包括对履行其合规义务的一项承诺。

（4）包括对碳达峰碳中和的一项承诺。

（5）包括对满足适用要求的一项承诺。

（6）包括对持续改进碳管理体系的一项承诺。

同时，碳管理方针应作为文件化信息是可供使用的；在企业内是进行了沟通的；适当时，可供相关方使用。

21.1.3 组织的角色、职责和权限

最高管理层应确保相关角色的职责和权限已在企业内得到分配与沟通，以确保碳管理体系符合本标准的要求，并就碳管理体系的绩效向最高管理层报告。

21.2 策划

21.2.1 应对风险和机遇的措施

当策划碳管理体系时，企业应考虑其所处的环境需考虑的问题，以及相关方的需求和期望，并确定需要去应对的风险和机遇：①对碳

管理体系能取得其预期结果给予保证；②防止、或降低不期望的影响；③实现持续改进。

在面对这些风险和机遇时，企业应通过策划，来应对这些风险和机遇的措施，考虑如何将这些措施整合到其他管理体系过程中并予以实施，并评价所实施措施的有效性。

21.2.2 碳管理目标及策划实施

企业应在相关的职能部门和层次上确立碳管理目标，碳管理目标应具有下述特点：

（1）与碳管理方针相一致。

（2）是可测量的（若可行）。

（3）考虑到适用的要求。

（4）被监管。

（5）被沟通。

（6）适当时被更新。

（7）作为文件化信息可供使用。

当策划如何去实现其碳管理目标时，企业应确定以下内容：

（1）将要做什么。

（2）将会需要什么资源。

（3）谁将要负责。

（4）它将会在什么时候完成。

（5）该结果将被如何评价。

21.2.3 碳管理评审

（1）**碳排放评审**。企业应识别包括碳在内的温室气体的排放情况，并实施评审以策划进一步的管理措施。碳排放评审的内容包括但不仅限于：

1）基于能源消耗、工艺过程排放测量结果和其他数据分析能源消耗排放及工艺过程排放的情况：

a. 识别当前能源消耗种类的排放。

b. 识别当前的工艺过程排放类别。

　　c. 评价过去、现在的能源消耗排放及工艺过程排放的趋势。

　　2）评估收集的活动水平数据和确定的排放因子，确定当前的温室气体减排绩效。

　　3）识别当前企业内主要的温室气体源。

　　4）识别可能会导致碳排放总量变化的其他因素。

　　5）识别在企业控制下进行工作、对主要温室气体排放有直接或间接影响的工作人员。

　　6）评价碳减排措施的有效性。

　　7）评估未来温室气体排放的趋势。

　　（2）**碳资产评审**。企业应明确碳资产的类别同时做好量化工作，并对碳资产状况进行评审，以策划进一步的管理措施。碳资产评审的内容包括但不仅限于：

　　1）确定正资产与负资产类别及细化。

　　2）确定碳资产量化所依据的法律和法规。

　　3）识别碳资产风险及其他影响因素。

　　4）确定碳减排项目开发流程及投资评估体系。

　　5）确定碳金融衍生品开发的风险评估机制，以及收益测算模型。

　　6）定期评估企业的碳资产价值。

　　（3）**碳交易评审**。企业应定期对其所实施的碳交易行为进行评审，以策划进一步的管理措施。碳交易评审内容包括但不仅限于：

　　1）全国碳排放交易行为。

　　2）自愿减排交易行为。

　　3）其他地方碳交易行为。

　　4）碳金融衍生品交易行为。

　　5）碳交易义务的履行情况。

　　（4）**碳中和评审**。企业应定期对其所实施的碳中和方案进行评审，以策划进一步的管理措施。碳中和评审的内容包括但不仅限于：

　　1）碳中和方案所依据的政策、技术标准或规范。

　　2）碳中和措施的合理性、碳减排结果的有效性、碳中和方案的先进性。

3）碳中和方案实施阶段计划日期的适宜性。

4）碳中和整体方案的可靠性。

21.2.4　温室气体排放源

企业应在所界定的碳管理体系范围内确定其活动、产品和服务中所存在的温室气体排放源。此时，应考虑生命周期观点。

在确定温室气体排放源时，企业必须考虑以下情况：

（1）变更情况，包括已纳入计划的或新的开发，以及新的或修改的活动、产品和服务。

（2）异常状况和可合理预见的排放波动。

（3）重点排放部门或重点排放设施。

21.2.5　碳减排绩效参数

企业确定碳减排绩效参数时，应考虑：

（1）企业的活动、生产/服务提供情况。

（2）何处存在监视和测量碳减排绩效的需求。

（3）监视和测量碳减排绩效的方法。

（4）所确定碳减排绩效参数的先进性和适宜性。

在适当情况下，企业应对碳减排绩效参数进行评审，并与相应的温室气体基准线进行对照。

21.2.6　温室气体基准线

企业应通过相关方规定的基准年的温室气体排放核算/核查和报告活动来确定本企业的年度温室气体基准线。

当出现以下一种或多种情况时，应对温室气体基准线进行调整：

（1）碳减排绩效参数不再反映本企业的碳减排绩效时。

（2）相关因素发生了重大变化时。

（3）排放因子和核算方法发生变化时。

21.2.7　碳管理相关数据收集的策划

企业应确定影响碳管理绩效的相关数据，同时确定它们的种类及实施收集的途径、频次、方法。这些数据可能会引起温室气体直接和间接排放的波动，以及碳管理体系的活动变化，这些数据包括但不限于：

（1）能源消耗测量值。

（2）工艺过程的原材料消耗值或温室气体排放测量值或物料平衡数据。

（3）碳资产的相关数据。

（4）碳交易的相关数据。

（5）碳中和的相关数据。

（6）本行业、本地区、国内、国际的先进值。

21.2.8 合规义务

关于合规义务，企业应做到：

（1）确定并获取与其碳管理体系相关的合规义务。

（2）确定如何将这些合规义务应用于企业。

（3）在建立、实施、保持和持续改进其碳管理体系时必须考虑这些合规义务。

21.2.9 变更的策划

当企业确定碳管理体系的变更需求时，应以一种有策划的方式来进行变更。

21.3 支持

21.3.1 资源

企业应确定并提供建立、实施、保持和持续改进碳管理体系所需的资源。

21.3.2 能力

为支撑碳管理体系的实施运行，企业应满足以下能力方面的要求：

（1）确定在其控制下从事影响其碳管理绩效工作的人员所必须具

备的能力。

（2）确保这些人员基于适当的教育、培训或者经验是能胜任的。

（3）在情况适用时，采取相关措施以获得组织所必需的能力，并评价所采取措施的有效性。

21.3.3　意识

在企业体系内容工作的人员应意识到：

（1）碳中和对应对全球气候变化的重大意义。

（2）其工作需要符合碳管理方针。

（3）他们对碳管理体系有效性的贡献，包括改进碳管理绩效的收益。

（4）不符合碳管理体系要求时的不良影响。

21.3.4　沟通

企业应确定与碳管理体系有关的内部和外部的沟通，其中包括：

（1）将就什么进行沟通。

（2）在什么时候去沟通。

（3）与谁去进行沟通。

（4）如何去进行沟通。

21.3.5　文件化信息

（1）**总则**。企业的碳管理体系应包含：

1）由本标准要求的文件化信息。

2）由企业确定的、为碳管理体系的有效性所必需的文件化信息。

（2）**编制与更新文件化信息**。当编制与更新文件化信息时，企业应确保以下内容是适当的：

1）标识与描述（例如：标题、日期、作者、或引用编号）。

2）格式（例如：语种、软件版本、图表）和媒介（例如，纸质的、电子的）。

3）适宜性和充分性的评审及批准。

（3）**文件化信息的控制。**由碳管理体系和本标准要求的文件化信息应被很好地管理：①在需要的地方和时候，它是可获得的且是适合使用的；②它是得到充分保护的。

为了控制文件化信息，在情况适用时，企业应进行下列活动：

1）分发、访问、检索与使用。

2）存储和保存，其中包括保持其易读性。

3）更改的控制（例如，版本控制）。

4）保留与处置。

21.3.6　计量器具的配备及溯源

企业用于测量能源相关数据的计量器具配备应按GB 17167—2006《用能单位能源计量器具配备和管理适则》的规定执行。用于测量工艺过程排放温室气体相关数据的计量器具配备应按工艺技术要求进行。在用计量器具应按规定的时间间隔实施有效的测量学溯源。

21.4　运行

21.4.1　运行策划与控制

企业应策划、实施并控制满足碳管理体系要求所需的碳排放管理、碳资产管理、碳交易管理、碳中和管理过程，并通过下列活动来落实相关措施：

（1）确立过程的控制准则。

（2）依照准则来实施对过程的控制。

企业应控制所策划的变更并评审非策划变更的后果，必要时采取措施以减轻任何负面影响，并确保外部提供的、与碳管理体系有关的过程、产品或服务是受控的。

21.4.2　温室气体排放核算与报告

（1）**温室气体排放核算。**企业应定期按国家、地方或行业的相关技术规范来实施温室气体排放核算，以全面掌握企业内温室气体排放的实际情况，并确定相应的温室气体减排方案。

（2）**温室气体排放报告**。企业应定期按规定的要求和程序，规范地向相关的政府部门报告其温室气体排放的真实情况，包含二氧化碳（CO_2）、甲烷（CH_4）、氧化亚氮（N_2O）、氢氟碳化物（HFCs）、全氟碳化物（PFCs）、六氟化硫（SF_6），以确保报告的完整性、一致性、透明性和准确性。所报告的具体内容包括：

1）报告主体的基本情况。

2）温室气体的排放情况。

3）其他的相关情况。

配合第三方机构的温室气体排放核查。企业应按相关政府部门的规定，接受第三方机构对其进行的温室气体排放情况的核查。

21.5 绩效评价

21.5.1 监视、测量、分析和评价

（1）**总则**。企业应确定以下内容：

1）需要去监视和测量什么。

2）适用的监视、测量、分析和评价的方法，以确保结果有效。

3）何时应执行监视和测量。

4）何时应对来自监视和测量的结果进行分析与评价。

必要时，还应确定监视和测量特定过程所需的具体绩效指标。企业应对碳管理体系的绩效及有效性进行评价。

（2）**合规性评价**。企业应建立、实施并保持评价其合规义务履行状况所需的过程。企业应开展以下活动：

1）确定实施合规性评价的频次。

2）评价合规性，必要时采取措施。

3）保持对其合规状况的认知。

21.5.2 内部审核

（1）**总则**。企业应按规定的时间间隔进行内部审核，以提供关于

碳管理体系的相关信息：

1）是否符合企业自身对其碳管理体系的要求，以及本标准的要求。

2）是否其实施与保持是有效的。

（2）**内部审核方案**。企业应策划、建立、执行并保持（一项）审核方案，包括频次、方法、职责、策划要求及报告等内容。

在建立内部审核方案时，企业应考虑相关过程的重要性以及之前审核的结果。

1）明确每次审核的审核目的、准则和范围。

2）选择审核员并进行审核，以确保审核过程的客观性与公正性。

3）确保向相关管理者报告审核结果。

21.5.3　管理评审

（1）**总则**。最高管理层应按策划的时间间隔来评审企业的碳管理体系，以确保它持续的适宜性、充分性和有效性。

（2）**管理评审输入**。管理评审应包含以下内容：

1）之前的管理评审措施相关状况。

2）与碳管理体系有关的外部和内部问题的变化。

3）与碳管理体系有关的相关方的需求和期望的变化。

4）关于碳管理绩效的信息，其中包括下列方面的趋势：

- 不符合及纠正措施。

- 监视和测量结果。

- 审核的结果。

- 合规性评价的结果。

5）碳排放管理体系、碳资产管理体系、碳交易管理体系、碳中和管理体系的变更需求。

6）持续改进的机会。

（3）**管理评审结果**。管理评审的结果应包含与碳管理体系任何要素持续改进的机会及任何变更的需求有关的决策。

21.6　改进

21.6.1　持续改进

企业应持续改进碳管理体系的适宜性、充分性和有效性。

21.6.2　不符合及纠正措施

当发生一项不符合时，组织应做出以下调整：

（1）对该不符合作出反应，适当时采取措施以控制并纠正它。处理后果。

（2）通过评审该不符合、确定不符合的原因以及确定是否存在类似不符合或发生类似不符合的可能性，评价所采取的措施，识别消除不符合原因的必要性，以便使它不再发生或不在别处发生。

（3）执行任何必需的措施。

（4）评审所采取任何纠正措施的有效性。

（5）必要时，对碳管理体系进行变更。

纠正措施应与所遇到的不符合的影响是适当的。应可提供作为下列方面的证据的文件化信息：

- 不符合的性质及任何随后采取的措施。

- 任何纠正措施的结果。

参考文献

[1] 蓝虹，陈雅函. 碳交易市场发展及其制度体系的构建[J]. 改革，2022，335（01）：57-67.

[2] 李茜. 加州碳排放权交易经验启示[J]. 中国高新技术企业，2014（04）：80-82.

[3] 贾彦，朱丽娜，刘申燕. 加快推进全国碳排放权交易市场建设的若干思考[J]. 产权导刊，2022（08）：21-27.

[4] 魏一鸣，余碧莹，唐葆君等. 中国碳达峰碳中和时间表与路线图研究[J]. 北京理工大学学报（社会科学版），2022，24（04）：13-26.

[5] 肖忠湘. 一本书读懂碳交易[M]，杭州：浙大出版社，2022.

[6] 唐人虎，陈志斌. 中国碳排放权交易市场：从原理到实践，电子工业出版社，2022.

[7] 朱发根. 绿色电力证书:国际经验、国内前景和发电对策[J]. 中国电力企业管理，2018（16）：64-69.

[8] 鲁政委，钱立华，杜譞. 绿色电力市场化的现状分析及政策建议[N]，金融时报，2022.

[9] 中华人民共和国生态环境部，碳排放权交易管理办法（试行），2020.

[10] 国家发展改革委，温室气体自愿减排交易管理暂行办法，2012.

[11] 国家发展改革委办公厅，温室气体自愿减排项目审定与核证指南，2012.

[12] 董希淼，朱美璇. 商业银行碳账户的实践探索与政策建议[N]，金融时报，2022.

[13] 2020-2025年碳账户行业市场深度分析及发展策略研究报告，中研产业研究院，2020.

[14] 南开大学经济研究所，探寻碳达峰碳中和实现路径（R），2022.

[15] 北京绿色交易所，碳资产管理培训教材汇编（R），2022.

[16] 中国工程院，我国碳达峰碳中和战略及路径（R），2022.

[17] 中研产业研究院，2020-2025年碳账户行业市场深度分析及发展策略研究报告（R），2022.

[18] GB/T 32151.1—2015《中国电网企业温室气体排放核算方法与报告指南》（试行）[S]，2013.

[19] T/CIECCPA 002—2021碳管理体系要求及使用指南[S]，2022.

致谢

本书还参考了以下网络文章及相关报道，在此一一致谢！

1. 全国碳交易市场即将启动 关注林业碳汇、垃圾焚烧等相关受益领域，中金公司，2021.

2. 温室气体核算体系是什么？易碳家期刊，2015.

3. 碳足迹的概念、核算方法及标准，一文讲透了，全国能源信息平台，2022.

4. 企业如何开展碳足迹？，碳行者，2022.

5. 供应链管理：什么是绿色供应链管理，华平集团，2020.

6. 全国碳排放交易体系培训课件，清华大学能源环境经济研究所，2019.

7. 全国碳排放权交易系统交易客户端操作培训，上海能源交易所，2021.

8. 什么是"碳普惠"？为什么跟个人生活密切相关？，杭州绿碳管理咨询，2022.

9. 绿电相关政策汇总，江苏电力交易中心，王俊、孙标，王晶晶，2022.

10. 碳达峰碳中和系列之七：一图读懂绿证交易，中国大唐集团有限公司，2022.

11. 绿色电力证书发展及展望，规划总院，2022.

12. 什么是碳账户？，中宏国研信息技术研究院，2022.

13. 中国碳普惠发展全景，碳中和资料库，2022.

14. 英国碳交易市场"上线"引争议，国际能源参考，王林，2021.

15. 碳达峰碳中和1+N政策体系梳理解读，四川省水污染治理服务协会，2022.

16. 解振华详解制定1+N政策体系作为实现双碳目标的时间表、路线图，中国财富管理50人论坛，解振华，2021.

17. 双碳"1+N"政策体系解读，中创碳投，2021.

碳达峰碳中和：技术、市场与管理